生态环境

多主体协同治理水平的影响因素研究

杨 蕊——著

知识产权出版社
全国百佳图书出版单位
—北京—

图书在版编目（CIP）数据

生态环境多主体协同治理水平的影响因素研究 / 杨蕊著. —北京：知识产权出版社，2024.5

ISBN 978-7-5130-9254-8

Ⅰ.①生… Ⅱ.①杨… Ⅲ.①生态环境-环境综合整治-研究-中国 Ⅳ.①X321.2

中国国家版本馆 CIP 数据核字（2024）第 030901 号

内容提要

本书以财政政策对生态环境多主体协同治理水平的直接影响、地方政府环境信息公开的中介影响、晋升激励与环境关注度的调节影响为研究主线，系统探究了财政政策对生态环境多主体协同治理水平的影响效应，并结合研究结果提出相应的政策建议，为促进生态环境多主体协同治理水平的提升提供参考。研究结果从财政政策的角度丰富了生态环境多主体协同治理领域的理论研究，对推动生态环境多主体协同治理模式的发展具有重要的参考价值。

本书适合环境保护与管理领域的相关人员阅读参考。

责任编辑：彭喜英　　　　**责任印制**：孙婷婷

生态环境多主体协同治理水平的影响因素研究

杨　蕊　著

出版发行：知识产权出版社有限责任公司		**网　　址**：	http://www.ipph.cn
电　　话：010-82004826			http://www.laichushu.com
社　　址：北京市海淀区气象路 50 号院		**邮　　编**：	100081
责编电话：010-82000860 转 8539		**责编邮箱**：	laichushu@cnipr.com
发行电话：010-82000860 转 8101		**发行传真**：	010-82000893
印　　刷：北京中献拓方科技发展有限公司		**经　　销**：	新华书店、各大网上书店及相关专业书店
开　　本：720mm×1000mm　1/16		**印　　张**：	13.5
版　　次：2024 年 5 月第 1 版		**印　　次**：	2024 年 5 月第 1 次印刷
字　　数：210 千字		**定　　价**：	68.00 元

ISBN 978-7-5130-9254-8

Preface
前　言

在国家治理体系现代化建设的背景下，中国正积极推动生态环境多主体协同治理模式的发展，以弥补政府环境管制模式的弊端，为更好地提升生态环境质量提供助力。在生态环境多主体协同治理模式的发展过程中，地方政府扮演着承上启下的重要角色。为提升地方政府开展生态环境治理工作的积极性，中央政府实施了财政分权体制和环境分权体制（财政-环境分权体制），使地方政府能因地制宜地提供环境公共服务，促进多主体更广泛地参与生态环境治理，为提升生态环境多主体协同治理水平提供支持。然而，地方政府具有自利性特征，财政-环境分权体制又为个别地方政府谋取局部利益提供了可能，易导致其与中央政府博弈、解决公众环境诉求主动性不强，进而对生态环境多主体协同治理水平产生负面影响。在当前的实践中，财政-环境分权对生态环境多主体协同治理水平究竟有何影响？其作用机制及边界条件是什么？这些问题值得进一步探讨，以期以财政-环境分权为切入点，为提升生态环境多主体协同治理水平提供支持。对此，本书拟基于分权理论与制度理论，从财政-环境分权对生态环境多主体协同治理水平的直接影响、财政-环境分权影响生态环境多主体协同治理水平的作用机制分析、财政-环境分权影响生态环境多主体协同治理水平的边界条件3个方面系统探究财政-环境分权对生态环境多主体协同治理水平的影响。本书的主要研究内容如下。

第一，财政-环境分权的直接影响研究。该部分内容以分权理论为基础，逐一探讨和验证了财政-环境分权（包括财政分权、环境分权、财政-环境分权交互作用）对生态环境多主体协同治理水平的直接影响。研究结果显示：在研究期内，财政分权、环境分权、财政-环境分权交互作用对生态环境多主体协同治理水平均具有显著的负面影响。该结果为探讨如何优化财政-环境分权体制，以推动生态环境多主体协同治理水平的提升提供了参考。

第二，地方政府环境信息公开的中介影响研究。该部分内容从制度理论的角度分析了地方政府在财政-环境分权体制下为满足当下强调环境保护的合法性要求并尽可能地为自身谋利而采取的适应性行为，并据此提出了地方政府环境信息公开中介影响的研究假设，探讨了地方政府环境信息公开在财政-环境分权与生态环境多主体协同治理水平之间的中介影响效应。相关研究有助于明确财政-环境分权影响生态环境多主体协同治理水平的作用机制。研究结果显示：在研究期内，地方政府环境信息公开在财政分权、财政-环境分权交互作用与生态环境多主体协同治理水平之间的中介影响并不显著，但地方政府环境信息公开在环境分权影响生态环境多主体协同治理水平中发挥了遮掩效应，这说明地方政府环境信息公开可弱化环境分权在影响生态环境多主体协同治理水平过程中的负面效应。该结果肯定了地方政府环境信息公开的积极作用，为设计相应的政策建议以提升生态环境多主体协同治理水平提供了支持。

第三，晋升激励与环境关注度的调节影响研究。首先，从正式制度的角度，提出了晋升激励调节影响的研究假设，探讨了晋升激励对财政-环境分权与生态环境多主体协同治理水平之间关系的调节影响效应，以及地方政府环境信息公开有调节的中介作用。相关研究有助于在正式制度的视角下明确财政-环境分权影响生态环境多主体协同治理水平的边界条件。其次，从非正式制度的角度，提出了环境关注度的调节影响研究假设，探讨了环境关注度对财政-环境分权与生态环境多主体协同治理水平之间关系的调节影响效应，以及地方政府环境信息公开有调节的中介作用。相关研究有助于在非正式制度的视角下明确财政-环境分权影响生态环境多主体协同治理水平的边界条件。研究结果显示：首先，在正式制度视角下，晋升激励在研究期内正向调节财政分权与生态环境多主体协同治理水平之间的关系、负向调节环境分权与生态环境多主体协同治理水平之间的关系、无法调节财政-环境分权交互作用与生态环境多主体协同治理水平之间的关系。此外，晋升激励能强化地方政府环境信息公开在环境分权与生态环境多主体协同治理水平之间的遮掩效应。其次，在非正式制度视角下，环境关注度在研究期内负向调节财政分权、环境分权、财政-环境分权交互作用与生态环境多主体协同治理水平之间的关系。最后，环境关注度能强化地方政府环境信息公开在环境分权与生态环境多主体协同治理水平之间的遮掩效应。上述研究结果肯定了制定相容的晋升激励体系和提升治理主体环境关注度的重要性，为设计相应的政策建议以提升生态环境多主体协同治理水平提供了支持。

综上，本书以财政-环境分权对生态环境多主体协同治理水平的直接影响、地方政府环境信息公开的中介影响、晋升激励与环境关注度的调节影响为研究主线，系统探究了财政-环境分权对生态环境多主体协同治理水平的影响效应，并结合研究结果提出了相应的政策建议，为促进生态环境多主体协同治理水平的提升提供了参考。研究结果从财政-环境分权的角度丰富了生态环境多主体协同治理领域的理论研究，对推动生态环境多主体协同治理模式的发展具有重要的参考价值。

本书出版得到贵州大学高层次人才科研及平台建设基金项目“发展新质生产力要求下的绿色低碳经济增长政策优化研究——基于技术创新视角”（GDZX2024001）、贵州大学2024年度党风廉政建设和反腐败斗争问题调查研究基金项目“大数据驱动下群众反映贪腐问题的意愿获取及精准化响应机制研究”（GDZX2024006），以及贵州省高校人文社会科学研究项目“贵州高质量发展和现代化建设研究”（2024RW60）的资助，在此表示感谢！

由于笔者水平和写作时间等所限，书中难免存在不足之处，敬请读者批评指正。

Contents

目　录

第1章

1 绪论

1.1 研究背景与问题提出

1.1.1 研究背景

自改革开放以来，粗放型的发展模式使中国经济实现了飞速增长，但也带来了严重的生态环境问题。由 2022 年耶鲁大学公布的《世界环境绩效指数排行榜》可知，中国在 180 个国家或地区中排名第 160 位[1]。生态环境问题不仅制约着中国经济的高质量发展，还威胁着人们的健康、影响社会稳定。例如，2020 年因气候变化引发的极端天气，仅对南京市便造成了 274.9 亿元的经济损失[2]，相当于南京市当年地区生产总值的 1.9%。为防止生态环境恶化及其所引发的经济和社会问题，中国政府采取了众多措施，并不断强化生态环境治理要求。其中，在国家治理体系现代化建设的背景下，大力推动生态环境多主体协同治理模式的发展是尤为重要的内容之一，该模式弥补了单一主体治理的局限性，使多主体在生态环境治理过程中做到资源整合和共同发展，为生态环境质量的提升提供助力。

在生态环境多主体协同治理模式的发展过程中，地方政府扮演着承上启下的重要角色。为提升地方政府开展生态环境治理工作的积极性和主动性，中央政府实施了财政分权体制和环境分权体制（财政-环境分权体制），逐步将一定的财政收支权力和环境事务管理权力下放给地方政府，使其能结合中央政府的环境保护要求和辖区内其他主体的环境诉求提供环境公共服务，以促进多主体更广泛地参与生态环境治理实践，进而为提升生态环境多主体协同治理水平提供支持。在财政-环境分权体制的推动下，生态环境多主体协同治理模式的发展取得了一些喜人的成果。例如，在中央政府的要求下，各地方政府利用财政收支权力和环境事务管理权力，投资建设了地方政府环境信息公开平台并普及了其应用，为促进多主体更广泛地参与生态环境治理实践提供了丰富的信息资源保障和更广阔的参与渠道，有助于促进生态环境多主体协同治理水平的提升。

然而，地方政府也具有自利性特征[3]，财政-环境分权体制对生态环境多主体协同治理水平的提升造成不利影响。事实上，即使在近些年的环境保护高压下，上述问题仍时有出现。

综上可知，在财政-环境分权为提升生态环境多主体协同治理水平提供助力的同时，也需关注财政-环境分权为其发展所可能带来的阻力。因此，本书拟研究财政-环境分权对生态环境多主体协同治理水平的影响，以期通过优化财政-环境分权体制为提升生态环境多主体协同治理水平提供助力。研究该课题符合我国建设生态环境现代化治理体系的现实需求，是当下的重要管理课题。

1.1.2 问题提出

当前，关于如何更好地提升生态环境多主体协同治理水平，以助力于我国生态环境治理体系现代化建设的相关问题已成为学者们关注的焦点，但鲜有研究回答如何从财政-环境分权的角度来提升生态环境多主体协同治理水平。鉴于财政-环境分权对促进生态环境多主体协同治理水平的提升所具有的重要作用，本书提出了以下3个研究问题，以期系统探究财政-环境分权对生态环境多主体协同治理水平的影响，形成以财政-环境分权体制为切入点，为提升生态环境多主体协同治理水平提供支持的理论依据。

第一，在当前的实践中，财政-环境分权对生态环境多主体协同治理水平究竟存在什么样的影响？应如何优化财政-环境分权体制，为生态环境多主体协同治理水平的提升提供助力？

第二，当前，中央政府的环境保护要求愈加提升、公众的环境需求不断高涨。有学者指出，在合法性逻辑下地方政府的生态环境治理行为需契合中央政府的环境要求和社会的环境需求，以避免来自中央政府的惩处和来自其他主体的不信任危机[4]。作为具有自利性特征的主体，地方政府在财政-环境分权体制下会如何满足当下强调环境保护的合法性要求并尽可能地为自身谋利，进而对生态环境多主体协同治理水平产生影响？对上述问题的解答将有助于了解财政-环境分权影响生态环境多主体协同治理水平的作用机制，为更好地推动该协同治理水平的提升提供参考。

第三，什么因素可以增强财政-环境分权体制的优势、减少该体制的弊端，进而促使地方政府在该体制下更积极地进行生态环境治理、缓解其为谋取局部利益而消极进行生态环境治理的问题？回答该问题，将有助于明确财政-环境分权影响生态环境多主体协同治理水平的边界条件，为促进该协同治理水平的提升提供支持。

1.2 研究目的及意义

1.2.1 研究目的

本研究的主要目的包括以下3个方面。

第一，揭示财政-环境分权对生态环境多主体协同治理水平的直接影响效应。逐一分析和揭示财政-环境分权对生态环境多主体协同治理水平的直接影响效应，论证应如何优化不同类型的分权体制，为提升生态环境多主体协同治理水平提供支持。

第二，揭示财政-环境分权影响生态环境多主体协同治理水平的作用机制。从制度理论的角度解读地方政府为满足当下强调环境保护的合法性要求并尽可能地为自身谋利而采取的适应性行为，据此识别出财政-环境分权影响生态环境多主体协同治理水平的中介因素，并揭示其影响效应，有助于深入了解财政-环境分权影响生态环境多主体协同治理水平的作用机制，为更好地提升该协同治理水平提供参考。

第三，揭示财政-环境分权影响生态环境多主体协同治理水平的边界条件。基于制度理论，从正式制度和非正式制度两个视角分别引入相应的调节变量，揭示相应变量对财政-环境分权与生态环境多主体协同治理水平之间的关系及其之间关系的中介作用所产生的调节影响效应，有助于明确财政-环境分权影响生态环境多主体协同治理水平的边界条件，并为更好地提升该协同治理水平提供助力。

1.2.2 研究意义

本研究具有的理论意义和现实意义如下。

1.2.2.1 理论意义

第一，揭示了财政-环境分权对生态环境多主体协同治理水平的直接影响效应，丰富了生态环境多主体协同治理领域的理论研究。形成了以财政-环境分权体制为切入点促进中国生态环境多主体协同治理水平提升的理论依据，并拓展了分权理论在生态环境多主体协同治理领域的应用；分别识别了财政分权、环境分权，以及二者交互作用对生态环境多主体协同治理水平的直接影响效应，突破了既有研究多关注单一类型分权体制的局限性，完善了该领域的理论研究体系。

第二，揭示了财政-环境分权影响生态环境多主体协同治理水平的作用机制。从制度理论的角度解读了地方政府在财政-环境分权下所表现出的生态环境治理行为，据此识别了财政-环境分权影响生态环境多主体协同治理水平的中介路径和因素，揭示了相应因素在财政-环境分权与该协同治理水平之间发挥的中介影响效应，为了解财政-环境分权影响该协同治理水平的作用机制提供了新的理论视角。

第三，揭示了财政-环境分权影响生态环境多主体协同治理水平的边界条件。以制度理论为基础，从正式制度和非正式制度两个角度揭示了对财政-环境分权与生态环境多主体协同治理水平之间的关系及其之间关系的中介作用产生调节影响的因素和其影响效应，发展了对财政-环境分权与生态环境多主体协同治理水平之间关系的调节影响研究，明确了财政-环境分权影响生态环境多主体协同治理水平的边界条件，延伸了制度理论在生态环境多主体协同治理领域的应用边界。

1.2.2.2 现实意义

第一，有助于推动生态环境多主体协同治理模式的发展，并促进国家生态环境治理体系的现代化建设。当前，推动生态环境多主体协同治理模式的发展已成为必由之路。本书以财政-环境分权体制为突破口，深入分析了不同类型的分权体制对生态环境多主体协同治理水平的影响效应，并据此设计了相应的政策建议，为推动生态环境多主体协同治理模式的发展、助力国家生态环境治理体系的现代化建设提供了重要的支持。

第二，有助于促进中国财政-环境分权体制的完善。本研究通过揭示财政-环境分权对生态环境多主体协同治理水平的影响效应，为优化财政-环境分权体制提供了建议，有助于促进财政-环境分权体制优势的发挥，并最大化地减少该体制的弊端。

1.3 国内外研究现状与评述

针对本研究内容，本节将主要从财政-环境分权的研究现状及生态环境多主体协同治理的研究现状两个方面展开，以期从国内外的既有研究经验中获得启发，并发现相关研究的不足，为本研究的开展提供支持。

1.3.1 财政-环境分权的研究现状

1.3.1.1 财政-环境分权与中国式财政-环境分权

(1) 财政-环境分权的含义及特点。财政-环境分权在本书中主要指财政分权体制与环境分权体制。其中，对财政分权的讨论起源于对公共物品在财政集权体制下由中央政府统一调度而产生的公共物品供给效率低下等问题的反思[5]，并由此形成了财政分权理论。财政分权是指：中央政府将一定的财政收支权力和责任下放给地方政府，使地方政府可根据辖区内公共问题的特点，利用财政收支权力对相关问题进行自由裁量的制度安排[6]。奥茨（Oates）[6] 首次将财政分权理论与环境治理命题相结合，提出了环境联邦主义理论。环境分权则是指：中央政府将一定的环境事务管理权力和责任下放给地方政府，使地方政府可根据辖区内环境问题的特点和其他主体的环境诉求，利用环境事务管理权力对相关问题进行自由裁量的制度安排[7]。

早期对财政-环境分权的论述都是基于西方的联邦政治体制而展开的。在联邦制下，州政府具有相对独立的立法与司法权，在财政-环境分权体制下容易形成“用脚投票”的公共选择约束机制[8]，进而实现公共物品供给的帕累托最优[9]。具体到生态环境治理领域，财政-环境分权体制的支持者认为，信息优势和地方发展差异决定了财政-环境分权体制应用的必要性，可弥补因中央政府信息不对称而导致的环境物品供给效率低下、生态环境治理的针对性和有效性不足等问题[6]。而且财政-环境分权体制更易激发地方政府开展生态环境治理工作的主动性和创造性[10]。然而，因逐渐认识到地方政府具有自利性特征，财政-环境分权也招致了集权体制支持者的批判。在该领域，他们的主要观点包括以下 3 个[11]：首先，生态环境是一种典型的公共物品，财政-环境分权体制将可能导致公地悲剧和地方政府间的逐底竞争；其次，生态环境治理具有外溢性特征，财政-环境分权体制将可能引发地方政府在生态环境治理过程中的“搭便车”行为，以及地方政府的环境不作为等问题；最后，财政–环境分权体制可能诱发个别地方政府为谋取局部利益，而消极进行生态环境治理的问题。表 1–1 汇总了财政–环境分权体制在生态环境治理领域的主要优缺点。

表 1–1 财政–环境分权在生态环境领域的主要优缺点

主要优点	主要缺点
激发地方政府生态环境治理的主动性和创造性	因生态环境的公共物品属性，而可能引发公地悲剧和逐底竞争
发挥信息优势，因地制宜地采取相关措施，弥补中央政府因环境信息不对称而导致的弊端	因生态环境治理的外溢性特征而可能引发地方政府环境不作为等问题； 易致个别地方政府为谋取局部利益，进而表现出与生态环境治理要求相悖的行为

学者们对于在生态环境治理领域究竟应采取财政–环境集权体制还是分权体制至今仍未达成共识。有学者在此情境下指出应根据生态环境治理实践的具体情况，设定适度的财政–环境分权程度的观点[12]，以尽可能地减少财政–环境分权体制的弊端、充分发挥该体制的优势。此外，还有学者提出，相容的激励制度亦是减少地方政府自利性行为、充分发挥分权体制优势的重要方式[13]。在实践的推动下，适度分权和设计相容的激励制度等内容，已逐渐融入了财政分权理论和环境联邦主义理论中，进一步丰富了相关理论的内涵。

（2）中国式财政–环境分权的含义及特点。钱颖一等[14] 最早将财政–环境分权体制与中国特殊政治体制相结合，提出了“中国式分权”的概念。他认为，与西方的联邦制不同，中国的特殊政治体制决定了中国的财政–环境分权体制包含着政治集权的特征，即地方政府的晋升被牢牢掌握在中央政府手中，这是中国式财政–环境分权体制的核心特征[15]。也正因如此，有学者指出，在中国式财政–环境分权体制下，中央政府对地方政府的晋升激励作用远大于西方的联邦制国家[16]。主要原因在于：西方联邦制国家的政治权威性与中国相比较弱，故而对地方政府的政治晋升激励较弱[17]。因本书主要针对中国情景开展研究，故书中的财政–环境分权特指中国式财政–环境分权。

然而，中国式财政-环境分权在生态环境治理领域中面临以下困境：第一，20世纪90年代所实施的分税制强化了中央政府对税收财权的控制，但因相关事权的下放，造成了地方政府财政权责的不匹配性[18]，加大了地方政府对财税来源的争夺，以获得必要的经济发展资源。第二，在过去很长一段时间内，地方政府的晋升激励以地区生产总值增长为重心[19]，这导致地方政府利用相关权力进行生态环境治理并不能为其带来晋升收益。上述两点导致地方政府更倾向于在财政-环境分权体制下开展回报快且更显性的高税收项目（如基建等），而对回报周期长、显性不足且税收较低的生态环境治理项目表现出激励不足的状态，最终导致地方政府从“援助之手”变为“攫取之手”[20]，使财政-环境分权在生态环境治理领域未能充分发挥应有的作用，反而为个别地方政府利用相关权力谋取局部利益而牺牲生态环境提供了便利。

有研究表明，在当前生态文明建设的背景下，环境保护已成为国家统治的正当性基础[21-22]。这可从中央政府逐渐提升的环境保护要求和公众高涨的环境需求等客观事实中得到佐证。然而，因地方政府生态环境治理的激励不足[4] 且财政-环境分权程度过高[17] 而引发的相关问题却逐渐显现。为此，中国已将环境绩效融入地方官员的晋升激励中，且正表现出逐渐收紧地方政府财政收支和环境事务管理权力的集权趋势[23]，以优化中国式财政-环境分权体制，并形成生态环境治理激励相容的局面，从而为推动地方政府积极开展生态环境治理工作提供支持。

1.3.1.2 财政-环境分权下的地方政府生态环境治理行为

早期就已有学者针对财政-环境分权体制下地方政府的生态环境治理行为进行了探究。例如，布雷顿（Breton）[24] 认为生态环境治理相关问题与地方政府在财政-环境分权体制下的行为密切相关。这主要是因为地方政府是生态环境治理工作的主要执行者，故其是否愿意利用财政-环境分权体制下的相关权力积极开展生态环境治理工作，对生态环境治理相关问题具有重要影响[17]，即财政-环境分权可通过地方政府的生态环境治理行为而对生态环境治理相关问题产生影响。

对于财政-环境分权体制下的地方政府生态环境治理行为，学者们一般基于以下3个理论进行解释：首先，一些学者基于“分权理论”认为，财政-环境分权虽然促进了地方政府生态环境治理的主动性，但也容易导致地方政府为了谋取局部利益而选择消极的生态环境治理行为[25]；其次，有学者基于“分权化威权主义”肯定了上述学者的观点，指出财政-环境分权体制存在引发地方政府为谋取局部利益而消极进行生态环境治理的可能，但同时强调了由于晋升激励的作用，中央政府能对地方政府的生态环境治理行为进行监控，进而促进地方政府积极开展生态环境治理工作[26]；最后，还有学者基于“晋升锦标赛理论”认为，地方政府在财政-环境分权体制下执行中央政府颁布的各项政策时，往往会优先选择更有利于自身晋升的指标[27]，即地方政府在分权体制下兼具“代理人”和“自利者”的双重角色，使其在生态环境治理过程中的行为往往表现出权宜性的特点[28]。综上分析可知，财政-环境分权体制在激发地方政府积极进行生态环境治理的同时，也会使地方政府因自利性特征而选择消极的生态环境治理行为。地方政府具体如何选择相应的生态环境治理行为，会受到中央政府的监管及晋升激励等因素的影响。

1.3.1.3 财政-环境分权在生态环境领域的实证研究

财政-环境分权在生态环境领域的实证研究大致可从以下两个方面进行讨论。

一是前因变量研究。仔细阅读此类研究可以发现，学者们多从地方政府在财政-环境分权体制下复杂的生态环境治理行为出发，探究相关因素如何强化财政-环境分权体制在生态环境治理领域的优势或弱化该体制的弊端[29]。例如，朱艳娇和毛春梅[29]认为，环境目标约束的增加有助于提升地方政府在环境分权下执行环境政策与配置环境资源的效率，从而正向调节环境分权对企业绿色创新的积极影响。董香书等[30]指出，环境规制强度的提升有助于地方政府减少在财政分权下消极进行生态环境治理的行为，进而负向调节财政分权对绿色创新的抑制作用。此外，晋升激励[31-32]、环境关注度[33-34]、财政透明度[35-36]等因素亦为此类研究中的重点。在这些研究中，多数学者认为上述因素的提升能促进地方政府在财政-环境分权体制下积极开展生态环境治理活动，进而强化财政-环境分权体制在生态环境治理领域的优势和弱化该体制的弊端[31,33,35]。

二是结果变量研究。纵览相关研究可以发现，此类研究也是从地方政府在财政-环境分权体制下复杂的生态环境治理行为出发，探究财政-环境分权对生态环境相关问题的影响[37]。以财政-环境分权对生态环境质量的影响为例，不同的学者对财政-环境分权是否能够提升生态环境质量持有异议。财政-环境分权体制的支持者认为，财政收支和环境事务管理权力的下放有助于地方政府因地制宜地采取措施解决地方性生态环境问题、改善地方生态环境质量[38]。财政-环境分权体制的反对者认为，分权体制因地方政府的自利性特征提升了逐底竞争和政商合谋的风险，不利于区域生态环境质量的提升[39]。更进一步，有学者综合上述两种观点认为财政-环境分权对生态环境质量具有非线性影响[40]。上述研究分歧虽至今尚未得到一个确定的答案，但学者们均认为需优化财政-环境分权体制，以减少地方政府消极进行生态环境治理的行为[41]，提升地方政府积极开展生态环境治理的行为动机[42-43]，进而促进生态环境质量的提升。在实践的推动下，学者们不断拓展了财政-环境分权对其他生态环境相关问题的影响研究。例如，有学者在公共管理领域的权威期刊 *American Review of Public Administration* 上所发表的论文，研究了在金融危机的困难时期，分权体制如何影响公众的环境参与[44]。另有学者探讨了环境分权如何对企业环境创新产生影响[45]。此类研究的理论分析中均无法完全绕开地方政府在财政-环境分权体制下的生态环境治理行为，这再次支持了财政-环境分权影响生态环境相关问题的作用机制可通过地方政府的生态环境治理行为进行分析。延续上述思路，有研究探讨了地方政府环境保护投入[29]、地方政府竞争[31]、地方政府环境偏好[46]等因素在财政-环境分权影响生态环境相关问题中的中介作用。

1.3.2 生态环境多主体协同治理的研究现状

因政府环境管制模式的弊端渐显[47]，且人们对生活环境质量的追求渐增，中国近些年来不断推行以政府负责、企业协同、公众参与为特点的生态环境多主体协同治理模式。当前研究已对生态环境多主体协同治理的必要性进行了充分的讨论。例如，有学者指出，生态环境多主体协同治理模式既有利于环境责任的优化分配，也有利于生态环境治理效率的提升[48]。另外，由于企业和公众不会被排除在治理行动之外，两者对生态环境治理政策的接受和执行度增强，会更加积极地贡献自身的独特资源，为提升生态环境治理效率提供助力[49]。近年来，中国生态环境多主体协同治理实践取得了快速发展，但仍远未达到理想结果[50]。为理清相关原因，更好地提升生态环境多主体协同治理水平，学者们从不同角度进行了探讨，下文将对此进行论述。

1.3.2.1 生态环境多主体协同治理水平的评价

分析和检验相应因素对生态环境多主体协同治理水平影响效应的前提在于科学评价生态环境多主体协同治理水平，以期为相关检验分析提供因变量，因此，本节将首先阐述既有文献中用以评价多主体协同发展水平的研究方法，以期为科学评价生态环境多主体协同治理水平提供方法论的参考。

为了解不同系统间的协同发展现状，以适时调整相关政策，推动不同系统更好地协同发展，学者们提出了科学评价不同系统间协同发展水平的研究方法。其中，数据包络分析（DEA）、熵权法、耦合协调模型、协调度（HR）模型等是该领域的常用方法。学者们通常会根据研究需要构建相应的评价指标体系，首先利用 DEA、熵权法等评价不同系统本身的发展水平，然后通过耦合协调模型、HR 模型评价不同系统间的协同发展水平[51-53]。这种在测评不同系统本身发展水平的基础上，再评价系统间协同发展水平的“两步走”方法，是当前相关领域常用的。该方法既可了解不同系统本身的发展水平是否良好，还可体现出系统间协同发展状况的好坏（即是否具有从相互拮抗向良好互动发展的趋势），有助于避免仅强调系统本身的发展而造成系统间协调无序的问题，还可以避免出现系统间在低发展水平上的高协同问题（伪协同），具有一定的合理性和科学性[54]。

于生态环境治理领域而言，随着生态环境多主体协同治理模式走向规范化和可评估化，越来越多的学者将上述“两步走”方法应用到了生态环境多主体协同治理水平评价的相关研究之中。例如，李鹏等运用 DEA-HR 模型评价了农业废弃物循环利用参与主体的协同治理水平[51]。有学者综合采用熵权法+耦合协调模型评价了生态环境的政府-企业-公众协同治理水平[52]。参考既有研究经验，本书拟采用“两步走”方法来评价生态环境多主体协同治理水平，即测评出不同主体的生态环境治理水平，并在此基础上评价生态环境多主体协同治理水平，从而反映出各类主体自身生态环境治理水平的发展程度及主体之间良好互动的程度，避免评价结果出现在低治理水平上的高协同问题，使研究结果更具有经济意义。相关评价结果能更好地反映研究期内生态环境多主体协同治理水平的发展现状，并为本书检验财政-环境分权对该协同治理水平的影响效应提供因变量。另外，从指标体系构建的角度来看，治理主体具有主观能动性，这决定了除治理主体参与生态环境治理的资金、技术投入等经济技术定量指标外，他们的软系统特性（如社会环境责任、环境关注度等）亦需要被纳入指标体系的构建中[55]。在生态环境治理领域，常用于表示治理主体软系统特征的指标，包括企业环境责任得分、企业社会责任得分、人大环境提案数、政协环境建议数、环境信访量等[47,56-57]。这为本书构建相应的指标体系提供了参考，有助于科学评价出生态环境多主体协同治理水平。

1.3.2.2 生态环境多主体协同治理水平的影响因素

学者们已针对如何提升生态环境多主体协同治理水平进行了较广泛的探究。其中较多的研究路径是，首先在特定的情境下识别影响生态环境多主体协同治理水平的重要因素，其次通过实证分析检验该因素对生态环境多主体协同治理水平的影响效应，最后依据检验结果提出相应的政策建议，为提升该协同治理水平提供支持。此外，还有学者通过演化博弈、案例分析、文献分析、扎根理论、系统动力学等非实证方法，针对某一特定生态环境治理问题开展相关研究，以识别影响生态环境多主体协同治理水平的重要因素（或条件），并据此提出相应的对策。通过进一步总结相关研究可以发现，生态环境多主体协同治理水平的影响因素大致可分为 3 类（表 1-2）。

表 1-2 生态环境多主体协同治理水平影响因素的分类

类别	主要影响因素	对应的主要研究方法
治理主体行为	地方政府环境规制[58]、公众参与[59]、污染企业迁移[60]、企业内部环境监督[61] 等	回归分析、文献分析、访谈问卷等
外界环境	科技创新[62]、环境承载力[63] 等	回归分析、文献分析、案例分析等
协同治理要素	协同治理动力[47]、协同治理能力[43]、协同治理资源[57]、协同治理规则[64]、主体间的利益冲突[65] 等	演化博弈、案例分析、文献分析、扎根理论、系统动力学等

从表 1-2 可以看出，第一类研究主要探讨了治理主体的行为（如地方政府行为、企业行为和公众行为等）对生态环境多主体协同治理水平的影响。其中，地方政府环境规制[58]、公众参与[59]、污染企业迁移[60]、企业内部监督[61] 等因素受到学者们的广泛关注。相关研究说明在生态环境多主体协同治理的实践中，某个主体积极或消极的治理行为会影响生态环境多主体协同治理水平。另外，还有研究考察了外界环境中特定因素的变化（如科技创新[62]、环境承载力[63] 等）对生态环境多主体协同治理水平的影响。此外，也有学者通过案例分析、文献分析、扎根理论等方法对生态环境多主体协同治理实践中所表现出的多主体协同治理动力不足[43]、协同治理能力参差不齐[43,66]、协同治理规则设置不清[64] 等问题进行总结，从而反思应如何完善生态环境多主体协同治理机制，为提升生态环境多主体协同治理水平提供支持。还有学者利用演化博弈模型，或将演化博弈模型与系统动力学相结合，对不同主体在生态环境治理过程中的博弈交互关系和利益冲突进行了分析，从而发现生态环境多主体协同治理困境形成的深层次因素，以期为推动该领域多主体协同治理水平的提升提供方向[65,67-68]。针对研究结果，学者们从不同角度提出了许多有益的政策启示，为提升生态环境多主体协同治理水平提供了支持，如加强企业内部监督[61]、提升科技创新水平[69]、激发多主体协同治理动力[47] 等。

1.3.3 研究现状评述

上述国内外相关研究成果为本书的研究设计与研究方法提供了多维度的启发，但仍存在以下3个突破口可供进一步分析。

第一，财政-环境分权对生态环境多主体协同治理水平的直接影响效应需得到探索。从第1.3.1节可知，学者们已研究了财政-环境分权对许多生态环境相关问题的影响，但一些研究结论并不一致，且关于财政-环境分权对生态环境多主体协同治理水平的影响研究并未得到重视。在当前国家治理体系现代化建设的背景下，剖析财政-环境分权对生态环境多主体协同治理水平的影响有助于从财政-环境分权的视角为推动生态环境多主体协同治理水平的提升提供支持，进而助力国家生态环境治理体系的现代化建设。因此，本研究拟深入探讨财政-环境分权对生态环境多主体协同治理水平的直接影响，为通过优化财政-环境分权体制来提升生态环境多主体协同治理水平提供参考。

第二，财政-环境分权如何通过地方政府的生态环境治理行为对生态环境多主体协同治理水平产生影响？该问题有待解析。据第1.3.1节的分析可知，既有研究多认为，具有自利性特征的地方政府会为了尽可能地谋取自身利益而在财政-环境分权体制下开展相应的生态环境治理工作。但有学者认为这些研究均局限于国家的“政治市场想象”[70]，未将地方政府作为政治性公共组织所具有的合法性逻辑纳入理论分析中[21]，因此未能解释地方政府在当下强调环境保护的合法性要求下，会如何在财政-环境分权体制下采取相应的生态环境治理行为，以取得合法性要求和谋取自身利益之间的平衡[4]。另外，第1.3.2节指出，地方政府的生态环境治理行为会对生态环境多主体协同治理水平产生影响。故本书依据上述问题延伸，拟探究地方政府在须满足当下强调环境保护的合法性要求并尽可能地为自身谋利的前提下，会如何在财政-环境分权体制下采取相应的生态环境治理行为，进而对生态环境多主体协同治理水平产生影响，以揭示财政-环境分权影响生态环境多主体协同治理水平的作用机制，并为更有针对性地推动该协同治理水平的提升提供支持。

第三，有关财政-环境分权与生态环境多主体协同治理水平之间关系的调节影响研究有待讨论。第1.3.1节指出，相容的激励制度有助于发挥财政-环境分权体制的优势，减少因地方政府的自利性而引发的弊端[13]。在中国式财政-环境分权体制下，晋升激励对地方政府的生态环境治理行为的影响尤为显著[16]。已有研究肯定了晋升激励对财政-环境分权与生态环境相关问题之间的关系会产生调节影响[31]。据此延伸，晋升激励是否会对财政-环境分权与生态环境多主体协同治理水平之间的关系产生调节影响？若是，又是怎样的影响？这些问题尚未得到探索。故本书将对上述问题进行补充分析，以了解财政-环境分权影响生态环境多主体协同治理水平的边界条件。此外，若仅分析具有强制性特征的晋升激励的调节影响，将可能导致刚性有余而柔性不足的问题[71]。因此，有必要补充探究非强制性因素对财政-环境分权与生态环境多主体协同治理水平之间关系的调节影响，以期为更系统地推动该协同治理水平的提升提供支持。

1.4 研究内容与结构安排

1.4.1 研究内容

根据以上分析，确定了本书的3个主要研究内容。

研究内容一：财政-环境分权的直接影响分析。逐一探讨了财政分权、环境分权、财政-环境分权交互作用对生态环境多主体协同治理水平的直接影响效应。本研究内容有助于揭示不同类型的分权体制对生态环境多主体协同治理水平的直接影响效应，为通过有针对性地优化财政-环境分权体制来推动生态环境多主体协同治理水平的提升提供理论参考。

研究内容二：地方政府环境信息公开的中介影响分析。从制度理论的角度解读了地方政府为满足当下强调环境保护的合法性要求并尽可能地为自身谋利而采取的适应性行为，并据此探讨了地方政府环境信息公开在财政-环境分权与生态环境多主体协同治理水平之间发挥的中介影响，有助于揭示财政-环境分权影响生态环境多主体协同治理水平的作用机制。一方面，环境信息公开是地方政府为满足当下强调环境保护的合法性要求，在财政-环境分权体制下通过发挥信息优势而积极开展生态环境治理工作的重要体现，可通过公开其所掌握的环境信息，满足其他主体的环境信息需求，促进多主体更广泛地参与生态环境治理实践，进而对生态环境多主体协同治理水平产生积极影响；另一方面，环境信息公开也可能成为地方政府对其在财政-环境分权体制下为谋取局部利益而消极进行生态环境治理的不合法行为进行合法性包装的主要途径，可通过公开虚假的环境信息向其他主体传达其在积极履行环境保护职责的合法性信号，以避免违背合法性要求的处罚。这将导致其他主体因无法获得真实的环境信息而难以切实参与生态环境治理（如无法根据治理实况建言献策或采取相应措施配合相关污染治理、难以对地方政府的生态环境治理行为进行有效监管等），进而对生态环境多主体协同治理水平产生不利影响。

研究内容三：晋升激励与环境关注度的调节影响分析。结合上述研究内容和制度理论，分别从正式制度和非正式制度两个方面，探讨了晋升激励和环境关注度如何调节财政-环境分权与生态环境多主体协同治理水平之间的关系，以及如何调节地方政府环境信息公开的中介作用（即地方政府环境信息公开有调节的中介作用），有助于揭示财政-环境分权影响生态环境多主体协同治理水平的边界条件。其中，晋升激励建立在政绩考核之上，是一种强调绩效结果的奖惩机制[72]，能通过明文规定的强制性手段来强化中央政府对地方政府行为的激励和约束[73]，这无疑体现了其作为正式制度的强制性。例如，地方政府完成既定绩效目标可提升晋升优势；反之，将可能面临晋升风险，甚至被“一票否决”。此外，《中华人民共和国公务员法》中亦包含了有关地方官员晋升激励的法律条例。晋升激励可通过影响地方政府在财政-环境分权体制下选择积极或消极进行生态环境治理时的晋升收益和晋升风险来左右其生态环境治理行为，进而对生态环境多主体协同治理水平产生影响。环境关注度为认知性的非正式制度[74]。环境关注度的提升可从自我约束和社会期待性压力等非强制性方面[75]，促使地方政府调整在财政-环境分权体制下的生态环境治理行为，进而对生态环境多主体协同治理水平产生影响。

1.4.2　结构安排

基于上述研究内容，本书的结构安排如下。

第 1 章是绪论。通过描述本书的研究背景，明确需要解决的研究问题。介绍研究财政-环境分权对生态环境多主体协同治理水平影响的理论与现实意义。对与本主题密切相关的既有研究进行归纳和评述，进而提出本书的 3 个主要研究内容。并在此基础之上，设计本书的结构安排，确定研究方法，并绘制技术路线。

第 2 章是理论基础与研究框架。阐述了与财政-环境分权、生态环境多主体协同治理相关的基本概念与理论基础；并根据上述理论基础，构建了本书的理论分析框架，对后文的开展进行铺垫。

第 3 章是研究假设与研究设计。首先，基于第 2 章所介绍的理论基础，提出了本书的 3 类研究假设，包括：（1）财政-环境分权直接影响的研究假设；（2）地方政府环境信息公开中介影响的研究假设；（3）晋升激励与环境关注度调节影响的研究假设。其次，介绍了本书的研究设计，包括研究范围、数据来源、变量设计与测度。最后，对所有的变量进行了描述性统计和相关性分析，从而为后文的实证检验提供保障。

第 4 章是财政-环境分权的直接影响检验。首先，基于第 3 章提出的直接影响假设，构建了财政-环境分权对生态环境多主体协同治理水平直接影响的检验模型。其次，分别检验了财政分权、环境分权、财政-环境分权交互作用对生态环境多主体协同治理水平的直接影响效应，以验证研究假设，并解释了相应的研究结果。

第 5 章是地方政府环境信息公开的中介影响检验。首先，基于第 3 章提出的中介影响假设，构建了地方政府环境信息公开中介影响的检验模型。然后，检验了地方政府环境信息公开在财政分权、环境分权、财政-环境分权交互作用与生态环境多主体协同治理水平之间的中介影响效应，以验证研究假设，并解释了相应的研究结果。

第6章是晋升激励与环境关注度的调节影响检验。首先，基于第3章提出的调节影响假设，构建了晋升激励与环境关注度调节影响的检验模型。其次，检验了晋升激励对财政分权、环境分权、财政-环境分权交互作用与生态环境多主体协同治理水平之间关系的调节影响效应，以及地方政府环境信息公开有调节的中介作用，以验证研究假设，并解释了相应的研究结果。最后，检验了环境关注度对财政分权、环境分权、财政-环境分权交互作用与生态环境多主体协同治理水平之间关系的调节影响效应，以及地方政府环境信息公开有调节的中介作用，以验证研究假设，并解释了相应的研究结果。

第7章是结果讨论与政策建议。首先，总结了第4~6章的实证检验结果。其次，对上述研究结果进行讨论，并进一步突出本书的理论贡献。最后，针对研究结果提出了相应的政策建议，以更好地促进生态环境多主体协同治理水平的提升。

第8章是结论。依次总结了本书的主要研究结论、创新点与研究局限。

1.5 研究方法与技术路线

1.5.1 研究方法

合适的方法是本研究顺利开展的保障。本书主要运用了以下3种研究方法。

第一，文献研究法。该方法是根据研究议题或目的，通过对相关期刊、政策文本、书籍、报纸等文献资料进行归纳分析，以全面地了解相关问题的一种研究方法。本书分析了与财政-环境分权及生态环境多主体协同治理相关的文献资料，以期掌握本领域的研究重点，并发现研究不足，从而助力于本书的研究设计。同时，现有文献为本书构建理论分析框架、提出研究假设、讨论研究结果和理论贡献提供了思路支持。该方法主要在本书的第1~3章中运用。

第二，数据包络分析法。这是多学科相交融的研究方法。它可将多种投入和产出指标进行整合，基于最优化方法对研究对象之间的相对有效性进行评价。本研究将在合理构建相关评价指标体系的基础上，利用DEA模型与耦合协调模型评价生态环境多主体协同治理水平，为后文探讨和检验财政-环境分权对生态环境多主体协同治理水平的影响效应提供因变量。该方法在本书的第3章中应用。

第三，回归分析法。它是基于数理统计原理和大量观测数据来确定不同变量之间定量关系的一种统计分析方法。本研究将在合理选择各类变量的基础上，通过构建相应的回归模型来检验财政-环境分权的直接影响效应、地方政府环境信息公开的中介影响效应、晋升激励与环境关注度的调节影响效应，从而为有针对性地设计政策建议来提升生态环境多主体协同治理水平提供支持。该方法在本书的第4~6章中应用。

1.5.2 技术路线

本研究将按照图1-1所示的技术路线图展开。首先，基于现实背景提出了本书的研究问题。通过对现有相关文献进行回顾和评述，明确了本书的主要研究内容及意义，并确定了相应的研究方法。其次，厘定了本书的基本概念，并介绍了相关理论基础，进而构建了本书的理论分析框架。再次，依据上文的理论基础，提出了财政-环境分权对生态环境多主体协同治理水平影响的3类研究假设，并进行了实证检验，包括财政-环境分权对生态环境多主体协同治理水平的直接影响（即财政-环境分权的直接影响）、地方政府环境信息公开在财政-环境分权与生态环境多主体协同治理水平之间发挥的中介影响（即地方政府环境信息公开的中介影响）、晋升激励和环境关注度对财政-环境分权与生态环境多主体协同治理水平之间关系的调节影响（即晋升激励与环境关注度的调节影响）。最后，讨论了本书的研究结果，并据此设计了相应的政策建议。本书结论有助于指导相应的实践发展并产生理论贡献。

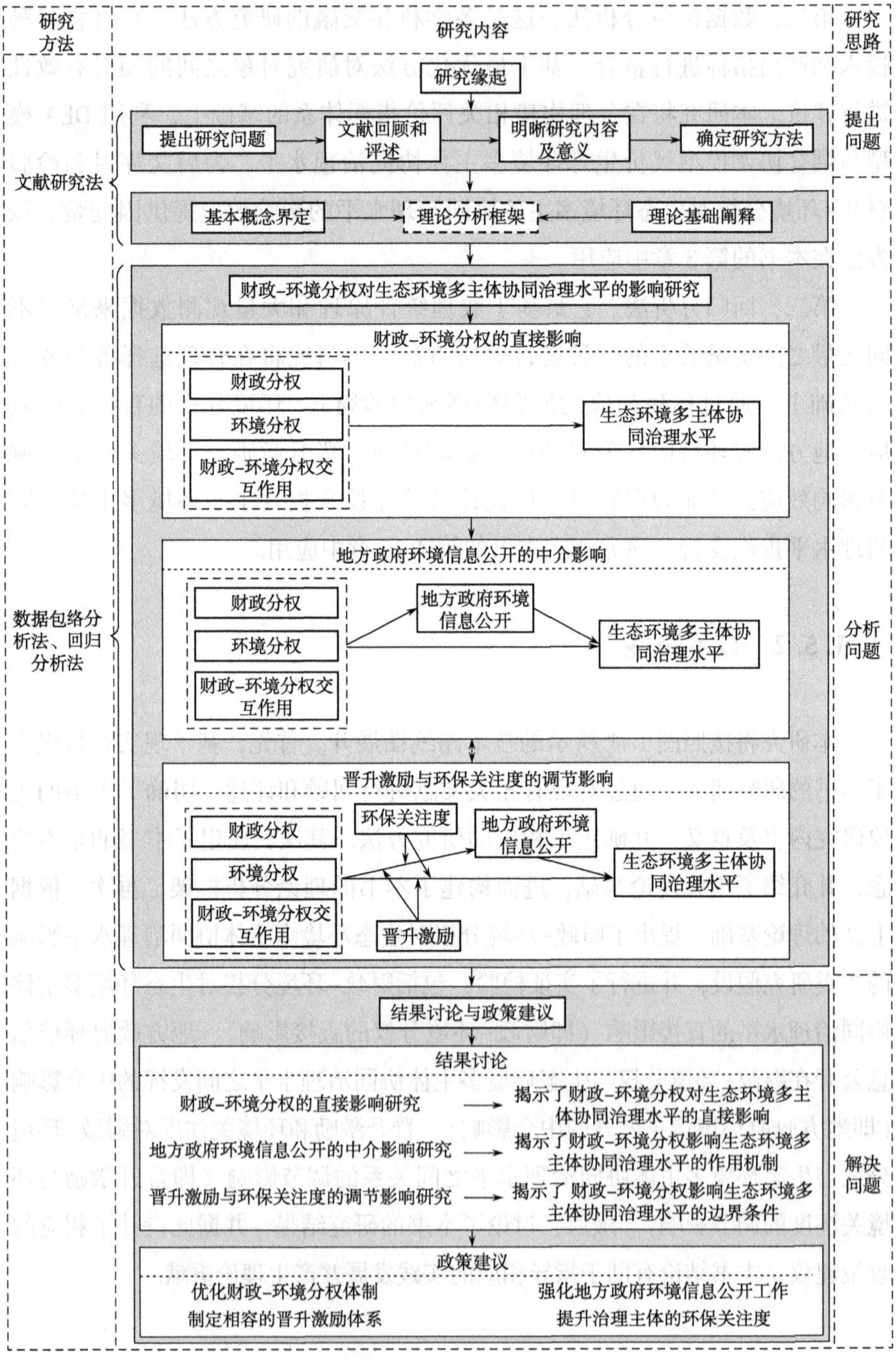
研究方法
研究内容
研究思路
研究缘起
提出研究问题
文献回顾和评述
明晰研究内容及意义
确定研究方法
提出问题
文献研究法
基本概念界定
理论分析框架
理论基础阐释
财政-环境分权对生态环境多主体协同治理水平的影响研究
财政-环境分权的直接影响
财政分权
环境分权
财政-环境分权交互作用
生态环境多主体协同治理水平
地方政府环境信息公开的中介影响
地方政府环境信息公开
数据包络分析法、回归分析法
分析问题
晋升激励与环保关注度的调节影响
环保关注度
晋升激励
结果讨论与政策建议
结果讨论
财政-环境分权的直接影响研究
揭示了财政-环境分权对生态环境多主体协同治理水平的直接影响
地方政府环境信息公开的中介影响研究
揭示了财政-环境分权影响生态环境多主体协同治理水平的作用机制
晋升激励与环保关注度的调节影响研究
揭示了 财政-环境分权影响生态环境多主体协同治理水平的边界条件
解决问题
政策建议
优化财政-环境分权体制
强化地方政府环境信息公开工作
制定相容的晋升激励体系
提升治理主体的环保关注度

图 1-1 技术路线图

第2章

2 理论基础与研究框架

2.1 基本概念界定

2.1.1 财政分权与环境分权

财政分权是中央政府将一定的财政收支权力下放给地方政府，使地方政府能利用信息优势，根据辖区内其他主体的公共诉求采取相应的措施，以更好地履行公共事务治理职责、提升公共事务治理效率的制度安排[6]。结合上述定义和中国特殊的政治体制，本书中财政分权是指：中央政府将一定的财政收支权力下放给地方政府，使其发挥信息优势，更好地利用相关权力落实中央政府颁发的生态环境治理政策、履行生态环境治理职责（如对环境保护企业进行税收减免、利用财政资金建设环境基础设施等）的制度安排。这种中国式财政分权与西方比较，内含鲜明的压力型特色[14]，即中央政府通过垂直的政治管理体制来监督、约束地方政府的生态环境治理行为。

环境分权是指中央政府将一定的环境事务管理权力下放给地方政府，使其能利用信息优势，因地制宜地采取相应措施，以提高区域环境事务治理的针对性和有效性的制度安排[7]。结合上述定义和中国特殊的政治制度，本书中的环境分权是指：中央政府将一定的环境事务管理权力（如地方性环境保护法规的制定和实施、对环境违规行为的处罚等）下放给地方政府，使其能根据辖区内的具体情况对环境问题进行自由裁量，以更有效地履行生态环境治理职责的制度安排，但其生态环境治理行为会受到中央政府的垂直管理。

2.1.2 生态环境治理的多主体

清楚界定生态环境治理的多主体是本研究得以开展的前提。由于研究侧重不同，学者们通常会根据研究需要来界定生态环境治理的多主体[76-77]。本书将生态环境治理的多主体界定为中央政府、地方政府、企业和公众，原因如下。

第一，中央政府。作为生态环境治理的顶层设计者，中央政府肩负着维护整体公共环境利益的责任。中央政府在经济、社会、环境等各个方面都发挥着重要的作用[78]。由此延伸，中央政府的行为选择和意志引导对生态环境治理具有重要作用，故中央政府为本研究中不容忽视的主体。

第二，地方政府。该主体是中央政府生态环境治理政策的重要执行者，负责推进生态环境治理相关工作，并与企业和公众直接接洽。因此，研究生态环境多主体协同治理，地方政府也是不可或缺的一类主体。需指出的是，本书从国家宏观治理视角出发，将不同部门及不同区域的地方政府均作为一个整体进行考虑。

第三，企业。作为环境污染的主要来源之一，企业在生产和经营过程中的治污水平、能源消耗、绿色技术创新等，将在很大程度上影响区域生态环境治理效果[79]。因此，研究生态环境多主体协同治理，企业是至关重要的一类主体。

第四，公众。本书以国家宏观治理层面为切入点，将政府和企业之外的第三方主体统称为公众，主要包括普通民众、网民和消费者等子群体。如此界定的原因如下：首先，在国家颁布的生态环境治理相关政策文件中，政府、企业和公众三个主体术语被频频提及。例如，党的十九大提出要“构建政府为主体、企业为主导、社会组织和公众共同参与的环境治理体系”。依据官方文件进行称谓界定更具有合理性。其次，本书所界定的公众虽包括不同的子群体，但他们均为生态环境治理的直接参与者和受益者，具有一定的利益共性，在国家宏观治理研究中可视为一个整体进行研究。这在生态环境治理相关的研究中已有较多先例可循[52,57]。

2.1.3 生态环境多主体协同治理

基于第2.1.2节对生态环境治理多主体的概念界定，生态环境多主体协同治理是指中央政府、地方政府、企业、公众为实现推动生态环境质量发展的共同目标，在生态环境治理过程中协商互动、合作共进，并贡献自身的独特资源。

具体来说，中央政府是生态环境治理各项政策的顶层设计者，会制定宏观政策规划指导地方政府的生态环境治理工作，并通过晋升激励等方式监督和约束地方政府在生态环境治理工作中的行为表现。地方政府需对企业的污染行为进行监管，对企业在生态环境治理过程中所需的各类资源进行调配；对公众的环境诉求进行回应，并拓展环境参与渠道和提供环境信息，对公众参与生态环境治理实践进行赋能。在生态环境治理的过程中，企业是不可或缺的力量。它能提供社会资本以提高环境保护产品的供给效率，并加强产业绿色转型、提供专业化的生态环境治理服务。尽管企业参与生态环境治理的动机主要是盈利，但企业的正常经营离不开稳定的政治、经济和人文环境等，故除了追求利润外，企业还需要承担一定的社会环境责任，如减少污染、顺应绿色化发展模式等。为避免惩罚和名誉受损，企业会在地方政府和公众的监督下，履行应尽的生态环境治理责任。公众能快速感知生态环境治理过程中存在的问题。当公众的环境权益受损时，其会向地方政府和企业表达环境诉求或合法施压来维护自身的环境利益[80]，对促进地方政府和企业的生态环境治理行为产生一定的影响。特别是近年来互联网的飞速发展使公众在生态环境治理政策的制定和执行方面发挥着愈渐显著的作用，对避免政府或市场失灵问题具有一定的积极影响[57]。此外，公众还可通过绿色节约的生活和消费等方式来直接参与生态环境治理。当上述四个主体不能很好地履行应尽的生态环境治理职责时，将可能会阻滞生态环境多主体协同治理模式的发展。

2.1.4 耦合协调度与协同治理水平

耦合的概念最初源于物理学，是指多个系统通过物质、能量、信息的互动，最终融合在一起，形成耦合系统[81]，打破了原来系统之间孤立分化的格局。当新的耦合系统因功能重组和结构调整而弥补原来系统的不足时，能使耦合系统保持稳定的发展；反之，则会出现不协调的现象，是为系统相悖[82]。耦合系统一般包括动态开放、远离平衡态和系统涨落等特征[47]。学者们常通过耦合度与耦合协调度来量化耦合系统中子系统间的协同与发展水平[83-84]。其中，耦合系统中子系统相互影响的程度可通过“耦合度”来测量，但“耦合度”无法明确子系统是在低水平上的拮抗制约，还是在高水平上的协同共进[54]。为此，许多学者在耦合度的基础上提出了“耦合协调度”。该概念可用以反映耦合系统中子系统间的“发展”和“协调”的综合态势[54]。其中，“发展”是指各子系统本身水平不断提升的过程，“协调”是指各子系统之间所具有的良好互动关系。该概念既可以有效避免仅强调“发展”而造成的系统间协调无序的问题，又可以避免仅关注“协调”而可能导致各系统在低发展水平上的高协调问题，使评价结果更具有经济意义。

本书将生态环境治理的多主体系统视为一个耦合系统，原因如下：首先，生态环境治理的多主体系统是一个动态开放的系统，如依靠外界输入发展资料，向外界输出人力、知识等要素。其次，生态环境治理的多主体系统存在远离平衡态的特征，与多主体相关的要素（如基础设施、信息等）具有非均衡的供求关系。最后，在生态环境治理的多主体系统中的知识、资本、信息等要素均具有随机涨落的特征。因此，生态环境治理的多主体系统是典型的耦合系统。中央政府、地方政府、企业和公众是该耦合系统中的多个子系统。在本书中，耦合度能够用以评判该多主体系统中各主体相互影响的强弱；耦合协调度则能够反映生态环境多主体协同治理水平。根据上文定义，这种协同治理水平既囊括了对各类主体自身的生态环境治理水平是否由低水平向高水平提升的判断，也反映了各类主体的生态环境治理水平是否存在共同发展、良好互动的关系。换句话说，本书中的生态环境多主体协同治理水平实际反映的是各类主体自身生态环境治理水平的发展程度，以及主体之间良好互动的程度。

2.2 理论基础

2.2.1 分权理论

分权理论是西方政治理论中的重要组成部分。随着不同学科的观点逐渐融入，该理论已成为一个内含丰富的理论体系。针对本书的主要研究内容，以下将着重从财政分权理论和环境联邦主义理论两个方面对分权理论进行阐释。

2.2.1.1 财政分权理论

在早期，学者们针对应实施财政集权还是分权体制进行了激烈的讨论。然而，信息优势和地区发展差异决定了财政分权体制相比于集权体制，能更好地提升公共物品的供给效率、改善公共服务质量[85]。财政分权理论在此背景下逐渐形成。当前，财政分权已成为各国央-地政府在财政收支权力和责任分配方面的一种主要方式。一般来说，财政分权理论可按其演进历程划分为第一代财政分权理论和第二代财政分权理论。以下将对二者进行详细阐释。

第一代财政分权理论的兴起可追溯到20世纪50年代。该理论认为：相比于财政集权体制，中央政府将财政收支权力下放给地方政府，有助于地方政府因地制宜地开展公共事务治理工作、满足辖区内其他主体的公共需求，进而提高公共物品供给效率和公共服务的质量。该理论以“福利政府”为假设，认为地方政府是努力实现公民利益最大化的公共服务者[86]。然而，该理论忽视了地方官员具有自利性特征，即其积极按照选民要求提供公共物品的激励何在[87]。为弥补上述理论缺陷，第二代财政分权理论逐渐兴起。

第二代财政分权理论兴起于20世纪90年代。该理论肯定了第一代财政分权理论的指导基础（信息优势等），并将委托代理理论和公共选择理论等纳入了财政分权理论的分析框架，由此打开了对地方政府认知的“黑箱”[88]。该理论认为地方官员存在自利性，需制定相容的激励制度，使地方官员在自身自利性和公共福利供给之间达到平衡[89]。另外，相比于第一代财政分权理论集中于论证实施财政分权体制的必要性，第二代财政分权理论既认可了财政分权的优势，也注意到了财政分权下地方政府的自利性特征可能带来的偏离公共预期等问题，故开始通过对比财政集权与分权体制下的公共事务治理收益与成本，探讨不同财政分权程度的影响[85]。基于此，有学者认为根据公共事务的发展情况，设定适度（或最优）的财政分权对充分发挥财政分权体制的优势、减少该体制弊端具有重要意义[12,90]。

2.2.1.2 环境联邦主义理论

由于“环境”是一种典型的公共物品，因此环境治理是政府所需履行的基本职能之一。政府通过强制性手段开展环境治理工作，既可杜绝因市场机制失灵而导致的环境污染乱象，还可满足公众的环境诉求。奥茨(Oates)[6] 最早将财政分权理论融入环境治理的研究中，并由此形成了环境联邦主义理论的雏形。该理论探讨的焦点之一：对于环境管理事务，应实施集权还是分权体制？一些学者以环境污染的外溢性和地方政府的自利性为依据，认为环境集权体制更能保障政府对有限的环境资源进行统一调度，提升环境治理效率，并快速解决突发环境事件[91-92]。而另一些学者则以信息不对称和区域差异性为依据，认为环境分权更有助于提升环境治理的针对性和有效性、能更好地满足其他主体的环境诉求[93-94]。对于上述争议，与财政分权理论相似，学者们通过对绝对的环境集权体制和绝对的环境分权体制进行批判性思考，逐渐形成了应根据生态环境治理实践的具体情况，来确定适度的环境分权程度的观点[87]，以充分发挥该体制的优势并缓解其弊端。同时，制定相容的激励制度也是该理论中所强调的另一重点。

值得一提的是，虽然目前有少数学者以“环境分权理论”为术语，对相关问题进行探究[95]，但更多学者在研究中仍使用“环境联邦主义理论”的术语[96]。仔细阅读可以发现两个术语的内涵基本相同，且“环境分权理论”的用法并不多见，故本书遵循权威文献中的用法[41]，以“环境联邦主义理论”为术语开展研究。

2.2.1.3　分权理论对本研究的理论启示

综上可知：第一，信息优势和区域差异决定了财政-环境分权体制实施的必要性，有助于地方政府更好地提供公共物品和公共服务，满足辖区内其他主体的公共诉求。第二，地方政府的行为具有自利性特征。因此，把握合理的财政-环境分权程度和设计相容的激励制度，对充分发挥该体制的优势并缓解其弊端至关重要。

在本书中，生态环境是一种典型的公共物品，开展生态环境治理工作是政府的基本职能。相比于财政-环境集权体制，财政-环境分权程度的提升，能促使地方政府利用信息优势，更好地落实中央政府颁发的生态环境治理政策、向其他主体提供环境公共服务并满足他们的环境诉求，以促进多主体更广泛地参与生态环境治理，对推动生态环境多主体协同治理水平的提升具有重要影响。然而，地方政府具有自利性。当分权程度过高时，其在开展生态环境治理工作时将更便利地利用财政收支权力和环境事务管理权力谋取局部利益，从而偏离中央政府的生态环境治理要求、忽视公众的环境诉求，进而阻碍生态环境多主体协同治理水平的提升。因此，有必要深入探究财政-环境分权对生态环境多主体协同治理水平的影响效应，为把握合理的财政-环境分权程度提供支持，以最大化财政-环境分权对生态环境多主体协同治理水平的积极影响，并减缓其消极影响。综上，分权理论为本书探究财政-环境分权对生态环境多主体协同治理水平的直接影响提供了重要的支持。

2.2.2 制度理论

2.2.2.1 制度理论的基本内涵

制度理论源于政治学研究。经数十年发展，其已在管理学、经济学、社会学等众多领域得到广泛应用。诺斯（North）[97] 认为制度是指“规范和调整人与人之间行为关系的所有约束，也是一个社会的游戏规则”，可分为正式制度（法律、法规等）和非正式制度（道德、认知意识等）。其中，非正式制度是对正式制度的重要补充，通常具有自发性和持续性等特征，能弥补仅依靠强制力来约束组织行为的正式制度所具有的刚性有余而柔性不足的缺陷[71]。斯科特（Scott）在此基础上进一步指出，制度可由规制性要素、规范性要素和文化-认知性要素构成，他们通过约束组织行为，使组织满足合法性要求，从而获得必要的生存和发展资源[98-99]。其中，规制性要素指组织在行动过程中必须遵循的强制性管理规则（如明文规定的奖惩机制、法律等）；规范性要素指通过约定俗成的道德要求对组织的行为形成约束性压力；文化-认知性要素指意识、价值观和文化等，能从自我约束和期待性压力等方面促进管理活动的有序进行[100]。在既有研究中，规制性要素被归纳为正式制度，而规范性要素和文化-认知性要素则为非正式制度[101]。

合法性是制度理论中的关键性概念，指组织行为在其所处的社会系统中被认为是合适的、正当的[102]。满足合法性可使组织获得赖以生存的资源支持，对其生存和发展起着重要作用；反之，则会面临相关惩处。合法性中的“法”不仅包括明文规定的奖惩机制、法律规范等正式性制度的要求，还包括认知意识、信任、道德等非正式性制度的要求[103]。正式制度和非正式制度共同形塑着组织在管理活动中的合法性行为逻辑。在制度理论背景下合法性行为逻辑与谋取自身利益的共存，意味着组织是基于自身利益而满足制度要求的[104]。为满足合法性要求并尽可能地谋取局部利益，组织一般会从以下两条路径作出适应性行为[4]。

一是公开顺应路径。在公开层面上，组织会积极采取相应的措施来顺应合法性要求，并不断维护和增强合法性，以使其更好地生存与发展[105]。

二是隐性策略路径。在隐性层面上，组织出于自利性会尽可能地为自身谋利，但因受到合法性的约束而无法直接违背制度要求，故组织会策略性地采取相应的措施（如隐瞒、欺骗等），对其谋利性行为进行“合法性包装”，来掩饰其偏离合法性要求的事实[102]。有学者称这种现象为“名实分离”[106]。

2.2.2.2　基于制度理论的地方政府合法性行为的解释

尽管制度理论常用于解释企业等市场组织为满足合法性要求而采取的相应行动，但近些年来，有学者指出地方政府的行为同样需要满足合法性要求[4,107]。一方面，地方政府可作为组织形式进行解析。这是因为地方官员自觉遵循的共识性或强制性的行动规则构成了地方政府的组织理性[108]，故地方政府的行为适用于制度理论下对组织行为的解释。当前已有许多学者将地方政府作为政治性公共组织进行研究[4]。另一方面，在我国的政治体制下，地方政府作为中央政府和地方其他主体的代理人，其行为需符合中央政府所制定的法律规定等正式性制度的要求，还需赢得其他主体的认同和信任等非正式性制度的要求[109]。这是因为地方政府的合法性不仅建立在中央政府授权的基础上，也建立在地方其他主体对地方政府施政结果的满意度和认可度上[4]。只有满足上述的合法性要求，地方政府的行为才被认为是正当的，进而避免来自中央政府的惩处和来自其他主体对其公共权威的不信任危机[110]。

具体到生态环境治理领域，由于人民对良好生态环境的需求不断提升，中央政府秉承着“一切为了人民”的执政理念，近年来已将生态环境治理议题上升为国家意志[22]。例如，党的十九届四中全会强调“要坚定走生态良好的文明发展道路”，这表明了中央政府为满足人民对美好生态环境的强烈需求，已将生态文明建设列为国家发展道路，并为此出台了许多相关法律政策，如《新时代的中国绿色发展》等。有研究表明，当前环境保护已成为国家统治的正当性基础[21]。面对中央政府生态环境治理要求的不断提升和其他主体环境需求的逐渐高涨，在合法性逻辑下地方政府的生态环境治理行为必然要与中央政府的环境保护要求和其他主体的环境需求保持一致[4]。然而，地方政府具有自利性特征，以尽可能地增进自身利益为行为准则，但为了满足当下强调环境保护的合法性要求，地方政府不得不采取一定的措施。故基于制度理论，探讨地方政府会如何采取适应性措施来满足当下强调环境保护的合法性要求并尽可能地为自身谋利，成了当前学术界关注的焦点问题。

2.2.2.3 制度理论对本书的理论启示

首先，制度理论中所阐述的，组织为满足合法性要求并尽可能地为自身谋利，在公开顺应和隐性策略两条路径上所作出的适应性行为，为本书分析财政-环境分权影响生态环境多主体协同治理水平的中介路径和中介因素提供了思路。依据前文分析，当前环境保护已成为国家统治的正当性基础[21]。根据制度理论，在此情境下，地方政府积极开展生态环境治理工作将有助于获得和增强合法性；反之，则会面临来自中央政府的惩处和来自地方其他主体的不信任危机[109]。对此，作为具有自利性特征的政治性公共组织[3]，地方政府为满足当下强调环境保护的合法性要求并尽可能为自身谋利，会利用财政-环境分权体制下的相关权力，从以下两条路径作出适应性行为。

一方面，在公开顺应路径上，地方政府为更好地顺应当下强调环境保护的合法性要求，以避免来自中央政府的惩处和来自其他主体的不信任危机[4]，会倾向于在财政-环境分权体制下利用信息优势积极开展生态环境治理工作（分权体制中地方政府可发挥信息优势的重要特征，为本书以地方政府的信息优势为重点进行分析提供了支持，下同）。作为环境信息资源的优势方[57]，地方政府此时会利用相关权力积极推动环境信息公开工作的开展，通过发挥信息优势、共享信息资源，来更好地落实中央政府的生态环境治理要求，并满足其他主体的环境信息需求，促进多主体更广泛地参与生态环境治理实践，进而对生态环境多主体协同治理水平产生积极影响。这可从近年来，各地政府利用财政收支权力和环境事务管理权力不断拓展环境信息公开服务等客观事实中得到佐证。另一方面，在隐性策略路径上，地方政府可能与污染企业勾结而违背生态环境治理规定[40]。但根据制度理论可知，地方政府囿于当下强调环境保护的合法性要求，无法将其违背生态环境治理规定的不合法行为公之于众[106]。故其此时会在财政-环境分权体制下利用自身的信息优势，通过隐瞒、欺骗等方式策略性地公开相关的环境信息[4]，虚假地向其他主体传达其在积极履行环境保护责任的合法性信号，以掩饰其背离生态环境治理要求的不合法行为，从而避免来自中央政府的惩处和来自其他主体的不信任危机[109]。这种现象被称为地方政府“漂绿（greenwashing）”[111]。上述问题可从 2018 年临汾市政府环境监测数据造假事件[112] 中得到佐证。此时，地方政府虚假的环境信息公开行为无疑使其他主体因无法获得真实的环境信息而难以切实参与生态环境治理（如无法根据治理实况建言献策或采取措施配合相关污染治理、难以对地方政府的生态环境治理行为进行有效监管等），进而将可能对生态环境多主体协同治理水平产生负面影响。

其次，制度理论中的正式制度和非正式制度对组织行为的激励与约束，为本书分析不同制度因素对财政-环境分权与生态环境多主体协同治理水平之间关系的调节影响提供了理论支持。具体来说，正式制度和非正式制度会通过法律规范、认知意识等方式，对地方政府在财政-环境分权体制下的生态环境治理行为产生激励和约束作用，进而影响生态环境多主体协同治理水平。

第一，从正式制度的角度来看，根据前文的分析，设计相容的激励制度有助于发挥财政-环境分权体制的优势并减少该体制的弊端[13]。有研究表明，在中国式财政-环境分权体制下，晋升激励对地方政府行为的影响尤为显著[16]。相容的晋升激励体系能减少财政-环境分权体制下因地方政府的自利性而引发的弊端[89]。晋升激励以绩效考核为基础，推行了一种强调绩效结果的奖惩机制[72]，能通过明文规定的强制性手段强化中央政府对地方政府行为的激励和约束[73]，这无疑体现了其作为正式制度的强制性。例如，地方政府完成既定绩效目标可提升晋升优势；反之，将可能面临晋升风险，甚至“一票否决”。此外，《中华人民共和国公务员法》中也包含了有关地方官员晋升激励的法律条例。晋升激励可通过影响地方政府在财政-环境分权体制下选择积极或消极进行生态环境治理时的晋升收益和晋升风险[27-28,50] 来左右其生态环境治理行为（即对地方政府积极的生态环境治理行为形成激励和对地方政府消极的生态环境治理行为形成约束)，进而对生态环境多主体协同治理水平产生影响。这说明了晋升激励对财政-环境分权与生态环境多主体协同治理水平之间的关系存在调节影响。

第二，从非正式制度的角度来看，非正式制度是通过认知意识、道德文化等非强制性方式，以自我约束、社会期待性压力等机制对组织行为进行激励和约束[75]，能弥补正式制度所具有的刚性有余而柔性不足的缺陷[71]。在有关生态环境治理的非正式制度研究中，环境关注度尤其引起了学者们的关注[33-34]。这主要是因为随着生态文明建设的持续推进，治理主体的环境关注度正迅速提升，对各类生态环境问题产生着重大影响[33]。这可从各地《政府工作报告》中有关环境保护的话语不断增加[113]、环境保护举报平台受理群众举报数激增和环境保护产业不断兴起[114]等客观事实中得到佐证。环境关注度属于认知性的非正式制度，可反映出治理主体环境保护认知意识的形成[57]。一方面，地方政府自身环境关注度的提升，会使其因自我约束而主动履行环境保护职责。另一方面，其他主体环境关注度的提升，会从社会期待性压力等方面促使地方政府为满足合法性要求而积极进行生态环境治理。由此延伸，治理主体环境关注度的提升会强化地方政府利用财政-环境分权体制下的相关权力来积极履行环境保护职责、提供环境公共服务，促进多主体更广泛地参与生态环境治理，进而对生态环境多主体协同治理水平产生影响。这说明了环境关注度对财政-环境分权与生态环境多主体协同治理水平之间的关系存在调节影响。

2.3 理论分析框架构建

分权理论和制度理论为本书系统探究财政-环境分权对生态环境多主体协同治理水平的影响提供了理论支持。本节将基于上述探讨，从以下3个方面来分析财政-环境分权与生态环境多主体协同治理水平之间的关系，即财政-环境分权对生态环境多主体协同治理水平的直接影响（财政-环境分权的直接影响，下同)；地方政府环境信息公开在财政-环境分权与生态环境多主体协同治理水平之间发挥的中介影响（地方政府环境信息公开的中介影响，下同）；晋升激励和环境关注度对财政-环境分权与生态环境多主体协同治理水平之间关系的调节影响（晋升激励与环境关注度的调节影响，下同），并据此构建出本书的理论分析框架，以期为后文的开展奠定基础。具体解释如下。

首先，分权理论中所强调的信息优势[6] 和地方政府的自利性特征[17]，为本书探究财政-环境分权对生态环境多主体协同治理水平的直接影响提供了支持。具体来说，一方面，相比于财政-环境集权体制，财政-环境分权体制的实施有助于激发地方政府利用信息优势因地制宜地为其他主体提供环境公共服务[85]，促进多主体更广泛地参与生态环境治理，进而将对生态环境多主体协同治理水平产生积极影响；另一方面，财政-环境分权体制的实施可能导致地方政府为谋取局部利益，与中央政府博弈、解决公众环境诉求主动性不强[37]。过高的财政-环境分权更容易诱发上述问题的出现[35, 38]，进而将对生态环境多主体协同治理水平产生负面影响。正因如此，许多学者通过对绝对的财政-环境集权体制和绝对的财政-环境分权体制进行批判性思考，指出需根据具体的公共事务治理情况来把握适度的财政-环境分权程度，以充分发挥财政-环境分权体制的优势、缓解该体制的弊端[85]，这已成为分权理论中的一个重要内涵[12]（见第 2. 2. 1 节）。上述探讨为后文通过假设分析和实证检验更深入地探究财政-环境分权对生态环境多主体协同治理水平的直接影响效应提供了理论启示。

其次，制度理论中所阐述的，组织为满足合法性要求并尽可能地为自身谋利而在公开顺应和隐性策略路径上所表现出的适应性行为，为本书研究财政-环境分权通过地方政府环境信息公开而对生态环境多主体协同治理水平所产生的影响提供了支持。结合地方政府在分权体制下可更好地发挥信息优势[17] 的重要特征可知，地方政府具有更强的信息优势，故在公开顺应路径上，其作为环境信息资源的优势方，为更好地顺应当下强调环境保护的合法性要求，以避免来自中央政府的惩处和其他主体的不信任危机[4]，会倾向于利用财政收支和环境事务管理权力积极推动环境信息公开工作的开展，通过发挥信息优势、共享信息资源，使多主体更好地获取环境信息而更广泛地参与生态环境治理，进而对生态环境多主体协同治理水平产生积极影响；在隐性策略路径上，地方政府可能为谋取局部利益而消极进行生态环境治理[30]，但根据制度理论的内涵，地方政府囿于当下强调环境保护的合法性要求，无法将其违背生态环境治理规定的不合法行为公之于众[106]。故其此时可能利用信息优势通过手中的财政收支及环境事务管理权力来选择性和欺骗性地公开相关的环境信息[111]，虚假地向其他主体传达其在积极履行环境保护责任的合法性信号，以避免来自中央政府的惩处和其他主体的不信任危机[109]。这会导致其他主体因无法获得切实的环境信息而难以有效参与生态环境治理（如无法根据治理实况建言献策或采取措施配合污染治理、难以对地方政府的生态环境治理行为进行监管等），进而将负面影响生态环境多主体协同治理水平。上述探讨说明从制度理论的角度来看，地方政府环境信息公开应为财政-环境分权影响生态环境多主体协同治理水平的重要作用机制，可在财政-环境分权影响生态环境多主体协同治理水平中发挥中介效应。这为后文通过假设分析和实证检验，更深入地探究地方政府环境信息公开在财政-环境分权与生态环境多主体协同治理水平之间的中介影响效应提供了理论启示，有助于揭示财政-环境分权影响生态环境多主体协同治理水平的作用机制。

最后，制度理论为本书从正式制度和非正式制度两个方面，探讨晋升激励和环境关注度如何调节财政-环境分权与生态环境多主体协同治理水平之间的关系，以及如何调节地方政府环境信息公开的中介作用（即地方政府环境信息公开有调节的中介作用）提供了支持。第 2. 2. 2. 3 节对晋升激励的正式制度特征及选择晋升激励作为本书正式制度视角下调节变量的原因进行了说明，并论述了晋升激励可通过影响地方政府在财政-环境分权体制下选择积极或消极进行生态环境治理时的晋升收益和晋升风险来左右其生态环境治理行为[50]（即对地方政府积极的生态环境治理行为形成激励和对地方政府消极的生态环境治理行为形成约束），进而对生态环境多主体协同治理水平产生影响；第 2. 2. 2. 3 节亦对环境关注度的非正式制度特征及选择环境关注度作为本书非正式制度视角下调节变量的原因进行了说明，并论述了环境关注度可从自我约束和社会期待性压力等方面对地方政府的生态环境治理行为形成激励和约束作用[33-34]，促使地方政府调整在财政–环境分权体制下的生态环境治理行为，进而对生态环境多主体协同治理水平产生影响。需要特别提及的是，尽管有一些研究也探讨过晋升激励与环境关注度对生态环境问题的直接影响[115-116]，但纵览此类研究可以发现，探讨晋升激励与环境关注度对生态环境相关问题的影响均无法完全绕开地方政府在财政–环境分权体制下的生态环境治理行为。例如，晋升激励会通过影响地方政府的晋升收益和晋升风险来激励地方政府利用手中的财政收支和环境事务管理权力积极开展生态环境治理工作[31, 57]，进而对生态环境多主体协同治理水平或其他的生态环境相关问题产生影响。可以理解，若无财政–环境分权体制的存在，即使晋升激励与环境关注度的提升增加了地方政府积极开展生态环境治理工作的意愿，但其仍无权力处理相关问题，从而无法对生态环境多主体协同治理水平或其他生态环境相关问题产生影响。上述探讨说明从制度理论的角度研究晋升激励和环境关注度对财政–环境分权与生态环境多主体协同治理水平之间关系的调节影响具有一定的合理性。这为后文通过假设分析和实证检验更深入地探究晋升激励和环境关注度对财政–环境分权与生态环境多主体协同治理水平之间关系的调节影响效应提供了理论启示，有助于揭示财政–环境分权影响生态环境多主体协同治理水平的边界条件。

上述理论探讨论述了本书研究财政–环境分权直接影响生态环境多主体协同治理水平的理论合理性和主要思路，并从制度理论的角度识别和分析了财政–环境分权影响生态环境多主体协同治理水平的中介路径和中介因素（地方政府环境信息公开），以及对财政–环境分权与生态环境多主体协同治理水平之间关系产生影响的调节因素（晋升激励与环境关注度）。综合以上分析，图 2–1 构建了本书的理论分析框架。总的来说，本研究主要包括以下 3 个部分：首先，分析财政–环境分权直接影响生态环境多主体协同治理水平的作用机理，构建财政–环境分权对生态环境多主体协同治理水平的直接效应模型，揭示财政–环境分权对生态环境多主体协同治理水平的直接影响效应，以期通过有针对性地优化财政–环境分权体制来推动生态环境多主体协同治理水平的提升。其次，基于上述研究内容和制度理论分析地方政府为满足当下强调环境保护的合法性要求并尽可能地为自身谋利而采取的适应性行为，并据此阐释地方政府环境信息公开如何在财政-环境分权影响生态环境多主体协同治理水平的过程中发挥中介作用，构建地方政府环境信息公开的中介效应模型，探讨地方政府环境信息公开在财政-环境分权与生态环境多主体协同治理水平之间发挥的中介影响效应，以明确财政-环境分权影响生态环境多主体协同治理水平的作用机制。本书认为地方政府环境信息公开在财政-环境分权与生态环境多主体协同治理水平之间的中介影响可通过公开顺应和隐性策略两条路径产生效应。最后，结合上述研究内容和制度理论，分别从正式制度和非正式制度两个方面分析晋升激励和环境关注度如何调节财政-环境分权与生态环境多主体协同治理水平之间的关系，以及如何调节地方政府环境信息公开的中介作用，并构建相应的调节效应模型，探讨晋升激励和环境关注度对财政-环境分权与生态环境多主体协同治理水平之间关系的调节影响效应，以明确财政-环境分权影响生态环境多主体协同治理水平的边界条件。

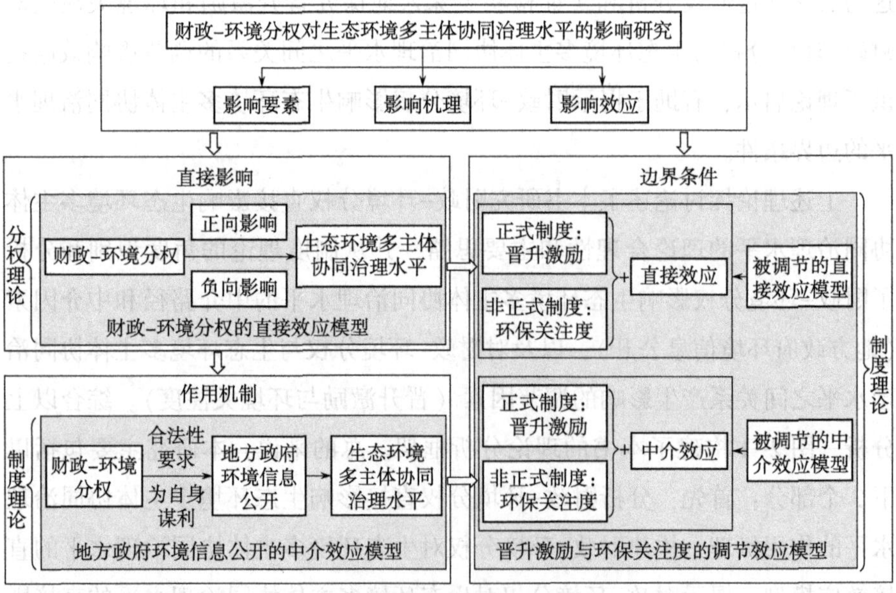

图 2-1 本书的理论分析框架

2.4　本章小结

本章首先对与本研究主题密切相关的基本概念进行了界定，包括财政分权与环境分权、生态环境治理的多主体、生态环境多主体协同治理、耦合协调度与协同治理水平，从而清晰界定了本书的研究内容。接着，对与本主题相关的理论基础——分权理论及制度理论进行了梳理和适用性评述。在此基础上，构建了本书的理论分析框架，并介绍了在该分析框架下后续章节间的逻辑联系。

第3章

3 研究假设与研究设计

3.1 研究假设

本节将依据第2章的理论基础，提出关于财政-环境分权与生态环境多主体协同治理水平之间直接影响的研究假设、地方政府环境信息公开中介影响的研究假设、晋升激励与环境关注度调节影响的研究假设。

3.1.1 财政-环境分权直接影响的假设提出

3.1.1.1 财政分权直接影响的假设提出

生态环境具有外部性，故提高生态环境资源的分配与使用效率必然将涉及财政收支权力在生态环境治理领域的应用[117]，如利用财政资金配给环境公共服务、投资建设环境基础设施、提供生态补偿等[118]。根据分权理论，相比于集权体制，财政分权程度的提升能提高地方政府开展生态环境治理工作的主动性[17]，并使其更好地发挥信息优势[85]。具体到本书，财政分权程度的提升有利于地方政府针对辖区内环境问题的特点，有效运用财政资源投资建设环境基础设施、提供环境公共服务，进而为其他主体更广泛地参与生态环境治理提供便利，并可更好地落实中央政府的环境保护要求，从而对生态环境多主体协同治理水平产生积极影响。当地方政府拥有较低的财政收支权力（低财政分权程度）时，往往会出现开展生态环境治理工作有心无力、相关治理决策程序冗长等问题[119]，导致地方政府无法很好地落实中央政府的环境保护要求、难以为其他主体较好地提供环境公共服务。因此，有必要提高财政分权程度以助力于生态环境多主体协同治理水平的提升。

尽管财政分权程度的提升具有一定的积极意义，但有研究发现，当财政分权程度提升过度（即中央政府将大量的财政收支权力下放给地方政府）时，将极易诱发地方政府的自利性行为，导致其为谋取局部利益[4]而利用手中的财政收支权力作出偏离公共预期的行为[11]。故有学者基于分权理论认为，需要在财政分权程度过低和过高之间找到平衡[12,120]。具体到本书，当地方政府拥有过高的财政收支权力时，能更便利地以增强自身利益为目标来确定地方财政的收支方向[121-122]。当环境公共利益与自身利益相冲突时，地方政府更有可能通过违规的环境保护补贴等形式与污染企业勾结来谋取局部利益[118]，由此偏离中央政府的环境保护要求、忽视公众的环境诉求，从而对生态环境多主体协同治理水平产生不利影响。特别是分税制的实施使地方政府相当一部分的财政来源流失，加剧了其对财政收入的争夺[123]。过高的财政分权使地方政府能更便利地扭曲环境保护用度以争取更多的经济发展资料[124]，使其环境保护行为背离其他主体的生态环境治理要求，进而对生态环境多主体协同治理水平产生负面影响。

综上分析，本书提出研究假设 H1a：

H1a：财政分权对生态环境多主体协同治理水平的影响呈倒 U 形，即适度的财政分权有助于提升生态环境多主体协同治理水平，但过度的财政分权不利于该协同治理水平的提升。

3.1.1.2　环境分权直接影响的假设提出

根据分权理论，相比于环境集权体制，环境分权程度的提升将使地方政府具有更大的积极性[6]，且能更好地发挥信息优势，利用环境事务管理权力有针对性地提供环境公共服务、监管污染企业行为、落实中央政府的环境保护政策[10]，促进多主体更广泛地参与生态环境治理，进而对生态环境多主体协同治理水平产生积极影响。从历史经验来看，在中华人民共和国成立初期，中央政府虽能对有限的环境资源进行统一调度，以快速解决突发环境问题，但中国不同地区的环境问题差异显著，环境集权体制使地方政府无法自主地根据辖区内生态环境问题的特点进行有针对性的治理[125]，致使中央政府的环境保护政策难以有效落实、其他主体的环境诉求难以得到满足，不利于推动生态环境多主体协同治理水平的提升。这进一步说明了提高环境分权程度对提升生态环境多主体协同治理水平的重要性。

尽管环境分权程度的提升具有一定的积极意义，但有学者指出，当环境分权程度提升过度时，将容易诱发地方政府的自利性行为[29]，使其更有可能利用环境事务管理权力来谋取局部利益，导致其行为偏离公众环境诉求[7]，故有研究基于分权理论论述了适度的环境分权的重要性[40]。具体来说，当环境分权程度过高时，易为地方政府与污染企业勾结以谋取局部利益提供更多的便利（如降低地方环境规制等[126]），使其忽视公众环境诉求[127]，且更便利地采取隐瞒、欺骗等方式与中央政府进行博弈[128]，进而对生态环境多主体协同治理水平产生不利影响。以 2018 年中央生态环境保护督察组对平顶山鲁山县的通报为例[129]，当地政府谋取局部利益，默许多家企业在水源一级保护区内设砂石加工点、废水直排河道，并漠视公众举报，而当中央生态环境保护督察组巡视时，以当地正实施河道疏浚之名，造假相关文件进行应对。该案例形象地说明了，当中央政府将大量的环境事务管理权力下放给地方政府时，将极易引发地方政府为谋取局部利益而作出有悖于生态环境治理要求和公众环境诉求的行为，进而将对生态环境多主体协同治理水平产生较大的负面影响。

综上分析，本书提出研究假设 H1b：

H1b：环境分权对生态环境多主体协同治理水平的影响呈倒U形，即适度的环境分权有助于提升生态环境多主体协同治理水平，但过度的环境分权不利于该协同治理水平的提升。

3.1.1.3 财政-环境分权交互作用直接影响的假设提出

在早期，有学者通过财政分权指标来替代环境分权开展研究，并用以刻画环境分权下地方政府在生态环境治理过程中的行为逻辑[130]。这主要是因为地方政府在行使环境事务管理权力时常需依附地方财政的支持，故有学者认为环境分权根植于财政分权[131]。然而，环境分权与财政分权在生态环境治理领域的侧重有所不同，前者聚焦于具体环境事务的管理，后者关注于对环境事务的财政支出。有学者指出，环境联邦主义理论并不等同于财政分权理论[41]。因此，用财政分权来替代环境分权容易错误估计环境分权的实际影响。由此可见，财政分权与环境分权既有区别也有联系，将二者混为一谈或分置讨论都不利于全面认识和解释相应的社会现象[38]。有鉴于此，近些年有学者提出了财政-环境分权交互作用的概念，以探讨二者间的关联性对研究对象的影响[38,132]。本书将借鉴相关研究经验，分析财政-环境分权的交互作用对生态环境多主体协同治理水平的影响。

根据前文对财政分权、环境分权的分析，适度的两种分权程度均可激发地方政府开展生态环境治理工作的主动性[6,17]，有助于其利用信息优势积极执行中央政府颁发的环境保护政策、响应辖区内其他主体的环境诉求，并有针对性地提供环境公共服务[30]，进而促进多主体更好地参与生态环境治理，从而对生态环境多主体协同治理水平产生积极影响。财政-环境分权交互作用意味着地方政府同时拥有财政收支和环境事务管理权力[17]，可在地方政府处理公共环境事务的过程中起到互补作用[132]，便于地方政府更好地开展相关生态环境治理工作。结合此内涵和上述分析，在适度的财政-环境分权交互作用下，其所起到的两种分权体制的互补功能将为地方政府利用相关权力强化上述积极的生态环境治理行为（如利用信息优势落实中央政府颁发的环境保护政策、响应辖区内其他主体的环境诉求，并有针对性地提供环境公共服务[30]等）提供更多的支持[133]，进而对生态环境多主体协同治理水平产生积极影响。然而，根据前文分析，当财政分权、环境分权提升过度时，均易对生态环境多主体协同治理水平产生不利影响。基于财政-环境分权交互作用的内涵[132]，在过度的财政-环境分权交互作用下，其所起到的两种分权体制的互补功能将为地方政府谋取局部利益提供更多的便利[133]，使其更易形式化地执行中央政府颁发的环境保护政策，更易选择与污染企业勾结，并与公众的生态环境诉求背道而驰，进而对生态环境多主体协同治理水平产生不利影响。综上，本书提出假设 H1c：

H1c：财政-环境分权交互作用对生态环境多主体协同治理水平的影响呈倒 U 形，即适度的财政-环境分权交互作用有助于提升生态环境多主体协同治理水平，但过度的财政-环境分权交互作用不利于该协同治理水平的提升。

3.1.2　地方政府环境信息公开中介影响的假设提出

在分析了财政-环境分权对生态环境多主体协同治理水平的直接影响后，本节将进一步讨论财政-环境分权影响生态环境多主体协同治理水平的作用机制。基于制度理论，本书认为财政-环境分权对生态环境多主体协同治理水平的影响，可通过地方政府为满足当下强调环境保护的合法性要求并尽可能地为自身谋利，在公开顺应和隐性策略两条路径上所采取的适应性行为发挥作用。本研究分别考虑了财政分权、环境分权、财政-环境分权交互作用通过上述两条路径影响生态环境多主体协同治理水平的作用机制，并提出了地方政府环境信息公开中介影响的研究假设。

地方政府环境信息公开是指地方政府依据法律要求，向其他主体公开其在开展生态环境治理工作时所获取的环境信息，并让更多主体知情当地的生态环境治理决策[134]。有研究表明，在生态文明建设的背景下，中央政府对生态环境治理的要求渐增、公众的环境诉求高涨，环境保护已成为国家统治的正当性基础[21]。根据制度理论，在此情境下，地方政府在财政-环境分权体制下积极开展生态环境治理工作将有助于获得和增强合法性；反之，将面临来自中央政府的惩处和来自其他主体的不信任危机[109]。根据前文对制度理论下地方政府生态环境治理行为的理论解释，地方政府为满足当下强调环境保护的合法性要求并尽可能地为自身谋利，会从公开顺应和隐性策略两条路径采取适应性行为：首先，从公开顺应路径来看，如前文所述，适度的财政-环境分权有助于激发地方政府开展生态环境治理工作的积极性[6,17]。此时地方政府在财政-环境分权体制下积极开展生态环境治理工作的意愿与当下强调环境保护的合法性要求一致。根据制度理论，在此情境下，作为环境信息资源优势方的地方政府为更好地获得和增强合法性[109]，无疑将倾向于顺应当下强调环境保护的合法性要求，在财政-环境分权体制下积极利用信息优势（财政-环境分权体制的重要特征）开展生态环境治理工作[4]。作为环境信息资源的优势方[135]，地方政府此时会在中央政府的指导下利用财政收支和环境事务管理权力积极推进环境信息公开工作[136]，通过发挥信息优势、共享信息资源来满足其他主体的环境信息需求并使其生态环境治理决策为更多主体所获知[57]，以促进其他主体更广泛地参与生态环境治理，进而对生态环境多主体协同治理水平产生积极影响。其次，从隐性策略路径来看，如前文所述，过度的财政-环境分权易诱发地方政府为尽可能地谋取局部利益而违背生态环境治理规定[7,11]，但根据制度理论可知，地方政府囿于当下强调环境保护的合法性要求，无法将其违背生态环境治理规定的不合法行为公之于众[4,137]。故此时地方政府将可能在财政-环境分权体制下利用信息优势对其违背生态环境治理要求的不合法行为进行包装，通过选择性和欺骗性地公开相关的环境信息，虚假地向其他主体传达其在积极履行环境保护责任的合法性信号[138]，以避免来自中央政府的惩处和其他主体的不信任危机[106]。2018 年临汾市政府环境信息公开造假事件即为一个典型案例可支持上述观点[112]。换句话说，在过度的财政-环境分权下，环境信息公开易成为地方政府对其违背生态环境治理要求的不合法行为进行合法性包装的工具[4]，导致其他主体因无法切实获得环境信息而难以有效参与生态环境治理（如无法根据治理实况建言献策、难以对地方政府的生态环境治理行为进行监管等），这无疑将对生态环境多主体协同治理水平产生负面影响。综上可知，从制度理论的角度来看，地方政府环境信息公开是财政–环境分权影响生态环境多主体协同治理水平的重要中介因素，财政–环境分权能够以地方政府环境信息公开为传达机制对生态环境多主体协同治理水平发挥其双刃剑效应。

具体到财政分权，首先，从公开顺应路径来看，如前文分析，适度的财政分权有助于激发地方政府利用信息优势来开展生态环境治理工作的积极性[85]。此时地方政府在财政分权下利用信息优势积极开展生态环境治理工作的意愿与当下强调环境保护的合法性要求一致。根据制度理论可知，在此情境下，作为环境信息资源优势方的地方政府为更好地获得和增强合法性[106]，无疑将倾向于顺应当下强调环境保护的合法性要求，在中央政府的指导下积极利用财政资金投资建设环境信息公开平台、推广环境信息公开服务[139]，通过充分发挥信息优势、共享信息资源来更好地满足其他主体的环境信息需求，促进多主体更广泛地参与生态环境治理，进而为推动生态环境多主体协同治理水平的提升提供支持。其次，从隐性策略路径来看，如前文所述，过度的财政分权易诱发地方政府为谋取局部利益而违背生态环境治理规定[11]，但根据制度理论，地方政府囿于当下强调环境保护的合法性要求[4]，无法将其违背生态环境治理规定的不合法行为公之于众[137]。故此时地方政府可能利用信息优势通过财政收支权力为其选择性公开相关的环境信息提供支持，以粉饰其与生态环境治理要求相悖的不合法行为[111]，从而避免来自中央政府的惩处和其他主体的不信任危机[106]。以2019年中央生态环境保护督察组对重庆玉滩湖保护的通报为例[140]，当地政府为掩饰其在玉滩湖环境保护工作中以缩减项目规模等形式搞变通导致玉滩湖水质不升反降的事实，通过拨款雇人清除垃圾等治标不治本的粉饰性行为来治理玉滩湖的污染，为其选择性和隐瞒性地公开玉滩湖污染治理信息以应对来自公众和中央政府的环境保护监督提供支持，并未对湖中的污染物进行深度治理。由此可见，从制度理论的角度来看，过度的财政分权易诱发地方政府利用财政收支权力策略性地公开环境信息，导致其他主体因无法了解当地生态环境治理实况而难以有针对性地建言献策或采取措施配合相关污染治理，且对地方政府的生态环境治理行为监督失效，这无疑将对生态环境多主体协同治理水平产生不利影响。综上分析，本书参考关斌（2020）[141] 在《公共管理学报》上刊发的类似双向中介影响的范例，提出研究假设 H2a：

H2a：地方政府环境信息公开在财政分权与生态环境多主体协同治理水平之间起中介作用，即财政分权以地方政府环境信息公开为传达机制对该协同治理水平发挥其双刃剑效应。

对于环境分权，首先，从公开顺应路径来看，如前文分析，适度的环境分权有助于激发地方政府在环境分权下利用信息优势来开展生态环境治理工作的积极性[142]。此时地方政府利用信息优势积极开展生态环境治理工作的意愿与当下强调环境保护的合法性要求一致。根据制度理论，在此情境下，作为环境信息资源优势方的地方政府为更好地获得和增强合法性[109]，无疑将倾向于顺应当下强调环境保护的合法性要求，在中央政府的指导下积极利用环境事务管理权力来充实环境信息公开服务，提升环境信息公开的数量和质量[135]，以更好地满足其他主体的环境信息需求[143]，促进他们更广泛地参与生态环境治理，进而对生态环境多主体协同治理水平产生积极影响。其次，从隐性策略路径来看，如前文分析，过度的环境分权易诱发地方政府为尽可能地谋取局部利益而违背生态环境治理规定[29]，但根据制度理论，地方政府囿于当下强调环境保护的合法性要求[4]，无法将其违背生态环境治理规定的不合法行为公之于众[137]。故此时地方政府可能会利用信息优势，通过环境事务管理权力来篡改或延迟公开相关的环境信息[111]，以掩饰其背离生态环境治理要求的非法行为，反而向其他主体传达其在积极履行环境保护职责的合法性信号[4]，从而避免来自中央政府的惩处和其他主体的不信任危机[106]。这将导致其他主体因无法获得真实的环境信息而难以切实参与生态环境治理（见上文分析），进而对生态环境多主体协同治理水平产生不利影响。综上，本书提出研究假设 H2b：

H2b：地方政府环境信息公开在环境分权与生态环境多主体协同治理水平之间起中介作用，即环境分权以地方政府环境信息公开为传达机制对该协同治理水平发挥其双刃剑效应。

对于财政-环境分权交互作用，结合该概念的内涵[132] 及以上分析可知：首先，从公开顺应路径来看，如前文分析，适度的财政-环境分权交互作用有助于激发地方政府利用信息优势开展生态环境治理工作的积极性。此时地方政府在财政-环境分权交互作用下利用信息优势积极开展生态环境治理工作的意愿与当下强调环境保护的合法性要求一致。根据制度理论的内涵，在此情境下，作为环境信息资源优势方的地方政府为更好地获得和增强合法性[109]，无疑将倾向于顺应当下强调环境保护的合法性要求，利用财政收支权力和环境事务管理权力更便利地拓展环境信息公开服务[57]，以更好地落实中央政府的环境保护政策、便利其他主体获取相关的环境信息，促使多主体更广泛地参与生态环境治理，进而对生态环境多主体协同治理水平产生积极影响。其次，从隐性策略路径来看，如前文分析，过度的财政-环境分权交互作用易诱发地方政府为尽可能地谋取局部利益而违背生态环境治理规定，但根据制度理论，地方政府囿于当下强调环境保护的合法性要求[4]，无法将其违背生态环境治理规定的不合法行为公之于众[137]。故此时地方政府可能会利用信息优势，通过财政收支权力和环境事务管理权力更便利地进行虚假的环境信息公开，来掩饰其与生态环境治理要求相悖的非法行为，从而避免来自中央政府的惩处和其他主体的不信任危机[106]。这将使其他主体因无法获取真实的环境信息而难以切实参与生态环境治理（见上文分析），进而将对生态环境多主体协同治理水平产生不利影响。综上分析，本书提出研究假设 H2c：

H2c：地方政府环境信息公开在财政-环境分权交互作用与生态环境多主体协同治理水平之间起中介作用，即财政-环境分权交互作用以地方政府环境信息公开为传达机制对该协同治理水平发挥其双刃剑效应。

3.1.3　晋升激励与环境关注度调节影响的假设提出

本节将结合制度理论，从正式制度和非正式制度两个方面进一步分析晋升激励和环境关注度，对财政-环境分权与生态环境多主体协同治理水平之间的关系及其之间关系的中介作用所可能产生的调节影响，以探索财政-环境分权影响生态环境多主体协同治理水平的边界条件。

3.1.3.1 晋升激励调节影响的假设提出

根据制度理论，正式制度会对组织行为产生激励和约束作用，组织行为需遵循正式制度的要求以满足合法性[99]。上述理论内涵为本节的分析提供了支持。据前文分析，相容的激励制度有助于发挥财政-环境分权体制的优势并减少该体制的弊端[13]。在中国式财政-环境分权体制下，晋升激励对地方政府行为的影响尤为显著[16]。相容的晋升激励体系能减少财政-环境分权体制下因地方政府的自利性而引发的弊端[89]。晋升激励推行了一种强调绩效结果的奖惩机制[72]，能通过明文规定的强制性手段来强化中央政府对地方政府行为的激励和约束[73]，这无疑体现了其作为正式制度的强制性。例如，《中华人民共和国公务员法》中便包含了有关地方官员晋升激励的法律条例。我国经济已进入了高质量发展阶段，地方政府承担的责任已相应发生变化，故需适时调整晋升激励体系，使其与当前发展要求相契合[144]。对此，中央政府明确了要进一步提升环境绩效在地方官员晋升激励中的重要性，并改变了原来强调优先促进经济社会发展的晋升激励体系，使当前的晋升激励具有了新特点[144]。这将使地方政府在财政-环境分权体制下选择积极或消极进行生态环境治理时的晋升受益与风险发生改变，进而左右其生态环境治理行为选择，从而不同程度地影响生态环境多主体协同治理水平和地方政府环境信息公开。为此，本书将针对当前晋升激励的新特点，从正式制度的角度发展晋升激励的调节作用假设，包括晋升激励对财政-环境分权与生态环境多主体协同治理水平之间关系的调节作用假设，以及地方政府环境信息公开有调节的中介作用假设。

具体到财政分权，一方面，当地方政府在适度的财政分权下具有开展生态环境治理工作的积极性时[6]（如投资建设环境基础设施等[145]），当前晋升激励中环境绩效重要性的提升会使地方政府因晋升收益的增加而受到激励[50]，进一步强化上述积极的生态环境治理行为，以更好地为其他主体提供环境公共服务、更切实地落实中央政府的环境保护政策，进而助力于生态环境多主体协同治理水平的提升。这说明了在倒 U 形关系的左侧，当前的晋升激励可促使财政分权对生态环境多主体协同治理水平的正向影响趋于增强。另一方面，当财政分权提升过度而极易诱发地方政府为谋取局部利益而消极进行生态环境治理[11]（如与污染企业勾结，违规向其提供环境保护补贴等[121]）时，当前晋升激励中环境绩效的融入意味着地方政府进行上述行为时的晋升风险提升[50]（即对地方政府消极生态环境治理行为的约束)，且其为优先促进经济社会发展而扭曲环境保护用度时所获得的晋升收益被弱化[146]。这将使其在收益和风险的权衡中减缓消极的生态环境治理行为，反而会利用财政收支权力为其他主体参与生态环境治理提供便利，且更主动地落实中央政府的环境保护政策，进而助力于生态环境多主体协同治理水平的提升。这说明在倒 U 形关系的右侧，当前的晋升激励可促使财政分权对生态环境多主体协同治理水平的负向影响趋于减弱。进一步，因当前的晋升激励所带来的晋升受益和晋升风险[50,146]（即对地方政府积极生态环境治理行为的激励和对地方政府消极生态环境治理行为的约束)，有助于地方政府在适度的财政分权下积极进行生态环境治理，并减缓其在过度的财政分权下消极的生态环境治理行为，故其利用相关权力进行选择性环境信息公开以掩饰其背离生态环境治理要求的不合法行为的问题将减少(隐性策略路径)[32]，反而会为增加晋升优势，利用财政收支权力投资建设环境信息公开平台[139]，以更好地向其他主体展示其所取得的生态环境治理成果（公开顺应路径)。此时，其他主体因能更好地获得环境信息而更广泛地参与生态环境治理，进而有助于生态环境多主体协同治理水平的提升。综上，本书参考周升和赵凯[147] 在《中国人口·资源与环境》上所发表的类似对倒 U 形关系两侧不同方向的调节影响范例，并针对当前晋升激励的新特点，提出假设 H3a-1 和假设 H3a-2：

H3a-1：晋升激励可调节财政分权与生态环境多主体协同治理水平之间的关系，即晋升激励在财政分权与生态环境多主体协同治理水平之间倒 U 形关系的左侧呈促进作用，在倒 U 形关系的右侧呈抑制作用。

H3a-2：晋升激励对地方政府环境信息公开在财政分权与生态环境多主体协同治理水平之间的中介作用存在调节影响。

对于环境分权，与上述财政分权的分析相似，当地方政府在适度的环境分权下具有开展生态环境治理工作的积极性时[29]（如拓展环境参与渠道、开展污染治理活动等[148]），地方政府因受到当前晋升激励中的新特点所带来的上述晋升收益的激励[50]，会进一步利用环境事务管理权力强化积极的生态环境治理行为，以更好地为其他主体提供环境公共服务，并落实中央政府的环境保护政策，进而为提升生态环境多主体协同治理水平提供助力。而在过度的环境分权下，当前晋升激励中的新特点同样会从上述晋升受益和晋升风险两个方面[50]，对地方政府利用环境事务管理权力消极进行生态环境治理的行为（如与污染企业勾结而降低环境规制等[50]）进行约束，并激励其利用相关权力更好地为其他主体提供环境服务、落实中央政府的环境保护要求，进而为提升生态环境多主体协同治理水平提供支持。进一步，因当前的晋升激励有助于强化地方政府在适度的环境分权下积极进行生态环境治理，并减缓其在过度的环境分权下消极的生态环境治理行为，故其利用相关权力篡改或延迟公开环境信息以掩饰其背离环境保护要求的不合法行为的问题将得到缓解[12]（隐性策略路径），反而会为增加晋升优势，利用相关权力提升环境信息公开的数量和质量[149]，以使其他主体知晓其所取得的生态环境治理成果（公开顺应路径）。此时，其他主体因能更好地获得环境信息而更广泛地参与生态环境治理，进而为提升生态环境多主体协同治理水平提供支持。综上，本书提出假设 H3b-1 和假设 H3b-2：

H3b-1：晋升激励可调节环境分权与生态环境多主体协同治理水平之间的关系，即晋升激励在环境分权与生态环境多主体协同治理水平之间倒 U 形关系的左侧呈促进作用，在倒 U 形关系的右侧呈抑制作用。

H3b-2：晋升激励对地方政府环境信息公开在环境分权与生态环境多主体协同治理水平之间的中介作用存在调节影响。

对于财政-环境分权交互作用，结合该概念的内涵[132]及以上分析可知，当地方政府在适度的财政-环境分权交互作用下具有开展生态环境治理工作的积极性时，其因受到当前晋升激励中的新特点所带来的上述晋升收益的激励[50]，会利用财政收支和环境管理权力进一步强化积极的生态环境治理行为，更好地为其他主体提供环境公共服务并落实中央政府的环境保护要求，进而为提升生态环境多主体协同治理水平提供支持。而在过度的财政-环境分权交互作用下，当前晋升激励中的新特点同样会从上述晋升受益和晋升风险两个方面[50]，对地方政府利用财政收支和环境事务管理权力消极进行生态环境治理的行为进行约束，并激励其利用相关权力更积极为其他主体提供环境公共服务、更好地落实中央政府的环境保护要求，进而对生态环境多主体协同治理水平产生积极影响。进一步，因当前的晋升激励有助于强化地方政府在适度的财政-环境分权交互作用下积极进行生态环境治理，并减缓其在过度的财政-环境交互作用下消极的生态环境治理行为，故其利用相关权力通过虚假的公开环境信息以掩饰其背离生态环境治理要求的不合法行为的问题将减少（隐性策略路径）[12]，反而会为提升晋升优势，利用相关权力大力推进环境信息公开服务[135]，以更好地向其他主体展示其所取得的生态环境治理成果（公开顺应路径）。这将使其他主体因更好地获得环境信息而更广泛地参与生态环境治理，进而为提升生态环境多主体协同治理水平提供助力。综上，本书提出假设 H3c-1 和假设 H3c-2：

H3c-1：晋升激励可调节财政-环境分权交互作用与生态环境多主体协同治理水平之间的关系，即晋升激励在财政-环境分权交互作用与生态环境多主体协同治理水平之间倒 U 形关系的左侧呈促进作用，在倒 U 形关系的右侧呈抑制作用。

H3c-2：晋升激励对地方政府环境信息公开在财政-环境分权交互作用与生态环境多主体协同治理水平之间的中介作用存在调节影响。

3.1.3.2 环境关注度调节影响的假设提出

根据制度理论，非正式制度可对组织行为产生激励和约束作用，组织行为需遵循非正式制度的要求以满足合法性[98]。上述理论内涵为本节的分析提供了支持。随着生态文明建设的持续推进，治理主体的环境关注度正迅速提升，对各类生态环境问题产生着重大影响[33]。对此，近些年有关环境关注度的研究不断激增[33-34]。环境关注度为非正式制度中的认知性要素，因为其可在一定程度上反映治理主体环境保护认知意识的形成[74]。非正式制度的驱动并不依赖国家强制力，而是依靠组织的自我约束、社会期待性压力等机制[75]。因中央政府环境关注度主要体现在其所制定的相关正式制度（国家强制力）中，故此处的环境关注度主要包括地方政府的环境关注度、企业的环境关注度和公众的环境关注度。其中，地方政府的环境关注度是自我认知性约束，企业和公众的环境关注度是社会期待性压力[150]。需提及的是，虽然有一些学者是基于"注意力基础观"来论述地方政府的环境关注度的[151]，但为了减少"法无禁止皆可行"的问题，习近平总书记在2015年就已对地方政府提出了"自我约束"这种非正式制度类型[98]，故已有研究将地方政府的环境关注度作为非正式制度进行研究[152]。综上可知，环境关注度的提升将从自我约束和社会期待性压力等方面对地方政府在财政-环境分权体制下的生态环境治理行为形成激励和约束作用，进而不同程度地影响生态环境多主体协同治理水平和地方政府环境信息公开。为此，本书将从非正式制度的角度发展环境关注度的调节影响假设，包括环境关注度对财政-环境分权与生态环境多主体协同治理水平之间关系的调节影响假设，以及地方政府环境信息公开有调节的中介作用假设。

具体到财政分权，一方面，当地方政府在适度的财政分权下具有开展生态环境治理工作的积极性[85]（如投资建设环境保护基础设施等[145]）时，环境关注度的提升将使地方政府因自我约束和社会期待性压力而进一步强化上述积极的生态环境治理行为[151]，以促进多主体更广泛地参与生态环境治理，并更好地落实中央政府的环境保护要求，进而对生态环境多主体协同治理水平产生积极影响。这说明在倒U形关系的左侧，环境关注度可促使财政分权对生态环境多主体协同治理水平的正向影响趋于增强。另一方面，当财政分权提升过度而诱发地方政府为谋取局部利益而消极进行生态环境治理[11]（如为发展经济而扭曲环境保护用度等[121]）时，环境关注度的提升将从自我约束和社会期待性压力两个方面对地方政府消极的生态环境治理行为进行约束[151]，并激励其积极利用相关权力为其他主体参与生态环境治理提供便利，并更好地落实中央政府的环境保护要求，进而对生态环境多主体协同治理水平产生积极影响。这说明在倒U形关系的右侧，环境关注度可促使财政分权对生态环境多主体协同治理水平的负向影响趋于放缓。进一步，因环境关注度的提升有助于强化地方政府在适度的财政分权下积极进行生态环境治理，并减缓其在过度的财政分权下消极的生态环境治理行为，故其利用相关权力进行选择性环境信息公开以掩饰其背离生态环境治理要求的不合法行为的问题将得到缓解（隐性策略路径），反而为更好地回应关于环境保护的社会期待性压力[152]，而利用财政收支权力建设环境信息公开平台[118]，以使其生态环境治理成果为更多主体所知情（公开顺应路径）。此时，其他主体因能更好地获得环境信息而更广泛地参与生态环境治理，进而为提升生态环境多主体协同治理水平提供助力。综上，本书提出假设 H4a-1 和假设 H4a-2：

H4a-1：环境关注度可调节财政分权与生态环境多主体协同治理水平之间的关系，即环境关注度在财政分权与生态环境多主体协同治理水平之间倒 U 形关系的左侧呈促进作用，在倒 U 形关系的右侧呈抑制作用。

H4a-2：环境关注度对地方政府环境信息公开在财政分权与生态环境多主体协同治理水平之间的中介作用存在调节影响。

对于环境分权，与上述财政分权的分析相似，当地方政府在适度的环境分权下具有开展生态环境治理工作的积极性[29]（如拓展环境参与渠道、开展污染治理活动等[148]）时，环境关注度的提升同样将从自我约束、社会期待性压力等方面[151]，激励地方政府在适度的环境分权下进一步强化积极的生态环境治理行为，以更好地为其他主体提供环境公共服务且落实中央政府的环境保护政策，进而对生态环境多主体协同治理水平产生积极影响。而在过度的环境分权下，环境关注度的提升仍会从上述两个方面对地方政府利用环境事务管理权力消极进行生态环境治理的行为（如与污染企业勾结而降低环境规制等[50]）进行约束[151]，并激励其利用相关权力更好地为其他主体提供环境公共服务，以促进其他主体更广泛地参与生态环境治理，并更好地落实中央政府的环境保护要求，进而对生态环境多主体协同治理水平产生积极影响。进一步，因环境关注度的提升有助于强化地方政府在适度的环境分权下积极进行生态环境治理，并减缓其在过度的环境分权下消极的生态环境治理行为，故其利用相关权力篡改或延迟公开相关的环境信息以掩饰其背离生态环境治理要求的不合法行为的问题将得到缓解（隐性策略路径），反而为更好地回应关于环境保护的社会期待性压力[152]，积极利用环境管理权力提升环境信息公开的数量和质量[149]，以更好地向其他主体展示其所取得的生态环境治理成果（公开顺应路径）。此时其他主体因能更好地获得环境信息而更切实地参与生态环境治理，进而为提升生态环境多主体协同治理水平提供支持。综上，本书提出假设 H4b-1 和假设 H4b-2：

H4b-1：环境关注度可调节环境分权与生态环境多主体协同治理水平之间的关系，即环境关注度在环境分权与生态环境多主体协同治理水平之间倒 U 形关系的左侧呈促进作用，在倒 U 形关系的右侧呈抑制作用。

H4b-2：环境关注度对地方政府环境信息公开在环境分权与生态环境多主体协同治理水平之间的中介作用存在调节影响。

对于财政-环境分权交互作用，结合该概念的内涵[132] 及以上分析可知，当地方政府在适度的财政-环境分权交互作用下具有开展生态环境治理工作的积极性时，环境关注度的提升将从自我约束、社会期待性压力等方面[151]，激励地方政府在适度的财政-环境分权交互作用下进一步利用财政收支和环境管理权力强化积极的生态环境治理行为，更好地为其他主体提供环境公共服务并落实中央政府的环境保护要求，进而为提升生态环境多主体协同治理水平提供支持。而在过度的财政-环境分权交互作用下，环境关注度的提升同样将从上述两个方面对地方政府利用相关权力消极进行生态环境治理的行为进行约束，并激励其利用相关权力积极为其他主体提供环境公共服务、更好地落实中央政府的环境保护要求，进而对生态环境多主体协同治理水平产生积极影响。进一步，因环境关注度有助于强化地方政府在适度的财政-环境分权交互作用下积极进行生态环境治理，并减缓其在过度财政-环境交互作用下消极的生态环境治理行为，故其利用相关权力通过虚假的公开环境信息以掩饰其背离环境治理要求的不合法行为的问题将得到缓解（隐性策略路径），反而为回应关于环境保护的社会期待性压力[152] 而利用相关权力大力推动环境信息公开工作，以更好地向其他主体展示其所获得环境治理成果（公开顺应路径）。这将使其他主体因能更好地获得环境信息而更切实地参与生态环境治理，进而有助于提升生态环境多主体协同治理水平。综上，本书提出假设 H4c-1 和假设 H4c-2：

H4c-1：环境关注度可调节财政-环境分权交互作用与生态环境多主体协同治理水平之间的关系，即环境关注度在财政-环境分权交互作用与生态环境多主体协同治理水平之间倒 U 形关系的左侧呈促进作用，在倒 U 形关系的右侧呈抑制作用。

H4c-2：环境关注度对地方政府环境信息公开在财政-环境分权交互作用与生态环境多主体协同治理水平之间的中介作用存在调节影响。

3.1.4　研究假设的概念框架

图 3-1 展示了本书研究假设的概念框架。需要特别提及的是，因本书的研究假设较多，为避免凌乱，此处将财政分权、环境分权、财政-环境分权交互作用合并作图。

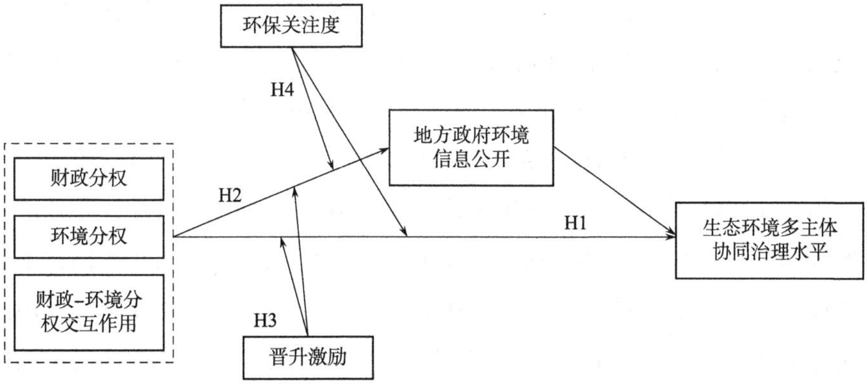

图 3-1　本书研究假设的概念框架

以下将对图 3-1 进行具体解释。

首先，本书提出了财政分权、环境分权、财政-环境分权交互作用对生态环境多主体协同治理水平的直接影响假设（H1a、H1b、H1c）。其次，本书结合上述分析和制度理论，从公开顺应和隐性策略两条路径出发，提出了地方政府环境信息公开在财政分权、环境分权、财政-环境分权交互作用与生态环境多主体协同治理水平之间的中介影响假设（H2a、H2b、H2c）。最后，本书结合上述分析和制度理论，从正式制度和非正式制度两个方面，分别提出了晋升激励和环境关注度对财政分权、环境分权、财政-环境分权交互作用与生态环境多主体协同治理水平之间关系的调节影响假设（H3a-1、H3b-1、H3c-1；H4a-1、H4b-1、H4c-1），以及地方政府环境信息公开有调节的中介作用假设（H3a-2、H3b-2、H3c-2；H4a-2、H4b-2、H4c-2）。

3.2 研究设计

3.2.1 研究范围与数据来源

因地区发展存在差异，财政-环境分权对生态环境多主体协同治理水平的影响在不同省份将有所差别，本书将研究范围设为中国省级行政区。因缺乏数据统计，本书未将西藏自治区、海南省、香港特别行政区、澳门特别行政区和台湾省的统计结果纳入考虑，故研究范围为中国29个省份。

考虑到数据的可获得性、完整性和权威性，相关数据均来自《中国能源统计年鉴（2012—2020）》《中国统计年鉴（2012—2020）》《中国工业统计年鉴（2012—2020）》《中国科技统计年鉴（2012—2020）》《中国高技术产业统计年鉴（2012—2020）》《中国环境统计年鉴（2012—2020）》《中国民政统计年鉴（2012—2020）》《中国教育统计年鉴（2012—2020）》《中国检察统计年鉴（2012—2020）》、各省份的《国民经济和社会发展统计公报（2012—2020）》、各省份的《环境统计公报（2012—2020）》、各省份的《政府工作报告（2012—2020）》、各省份的《检察院工作报告》、省政府官方网站、百度搜索指数、公众环境研究中心（IPE）报告。由于2020年后的部分年鉴指标统计方式更改或未更新，本书数据统计因此截至2020年。因当年的年鉴反映的是前一年的统计数据，故本书是基于2011—2019年的数据开展。

少数缺失数据通过均值或多重插值法填充。

该时间范围跨越了国家“十二五”和“十三五”规划时期，包含许多与财政-环境分权、生态环境多主体协同治理相关的大事件。例如，2011 年前后，国家在各省份相继实施了重点污染源监控项目，加强了中央政府对地方政府生态环境治理相关工作的监控，是财政-环境分权优化的重要表现之一[153]；2015 年，新修订的《中华人民共和国环境保护法》施行，进一步强化了环境保护力度，对生态环境多主体协同治理行为产生了极大的影响；2018 年，生态环境部成立，进一步明晰了中央政府在生态环境治理过程中的角色功能，对财政-环境分权的优化具有重要意义。综上，该时间范围能较充分地体现财政-环境分权、生态环境多主体协同治理实践的最新特征，使研究结果与当前中国生态环境治理发展需求相契合，从而更好地指导相关实践。

3.2.2　变量设计与测度

本节将介绍自变量、因变量、中介变量、调节变量和控制变量的设计与测度。

3.2.2.1　自变量

财政分权、环境分权、财政-环境分权交互作用为本书的自变量，以下将介绍三者的测度方式。

（1）财政分权（FD）：关于财政分权的测度方式至今没有一个统一的标准，应根据研究需要设计合适的指标[154]。为与本研究内容相契合，且保证财政分权指标的代表性和权威性，本书借鉴了傅勇[130]、傅勇和张晏[155]分别在《经济研究》和《管理世界》等权威期刊上所设计的财政分权指标：地方财政一般预算内支出与收入之比。该测度方式已获得了广泛认可[148]。

（2）环境分权（ED）：在早期，一些研究提出通过法律证据与事实特征来测度环境分权程度的方法[156-157]，但随着实践的深入，有学者指出上述做法存在测度不准确且无法反映环境分权动态变迁过程等问题[41]。通过综合考虑中国环境管理体制的特征、数据的可获得性及指标的代表性，本书选取了祁毓等[41] 所提出的环境分权测度方法（具体公式见表 3-1）。该测度方式的适用性和科学性已被学者们广泛认可[148,158-159]。关于该测度方式的具体考量，详见祁毓等[41] 的研究。

表 3-1 环境分权的测度说明[41]

指标类型	度量公式	变量含义
环境分权（ED）	$ED_{i,t} = \frac{LEPP_{i,t}/POP_{i,t}}{NEPP_t/POP_t} \times [1-(GDP_{i,t}/GDP_t)]$	$LEPP_{i,t}$ 为第 i 省第 t 年环境保护系统人员 $NEPP_t$ 为第 t 年全国环境保护系统人员 $POP_{i,t}$ 为第 i 省第 t 年人口规模 POP_t 为第 t 年全国总人口规模 $GDP_{i,t}$ 为第 i 省第 t 年地区生产总值 GDP_t 为第 t 年全国国内生产总值

（3）财政-环境分权交互作用（FD×ED）：财政-环境分权交互作用是指财政分权与环境分权之间的关联性[132]。为更好地体现该变量的内涵，本书参考既有研究经验[130]，通过上述财政分权指标和环境分权指标的交乘项进行测度。使用两个变量的交乘项作为二者间交互作用的测度方式已在既有研究中被广泛使用[38,160]，具有一定的科学性与合理性。

3.2.2.2 因变量

生态环境多主体协同治理水平为本书的因变量。现有研究虽已对该变量的测度方法和指标体系的构建进行了一些探讨，但相关研究或针对局部区域或关注特定领域的生态环境多主体协同治理水平[161]，与本书所关注的全国整体性生态环境多主体协同治理水平不相契合；此外，已有研究的时间范围大多较早[52] 且未将中央政府纳入考虑范围[47]，导致相关指标体系亟待更新和完善。本节拟整合相关研究经验，通过设计相应的测度模型和指标体系来测度生态环境多主体协同治理水平。以下对该变量的设计与测度进行详细介绍。

（1）测度方法介绍与测度模型构建。对生态环境多主体协同治理水平的测度要求相对客观和准确。测度的客观性要求测度过程中不能过多涉及评价者的主观偏好，测度的准确性要求测度方法应体现中国生态环境多主体协同治理的重要特征：政府的主导性及当前对多主体参与生态环境治理实践的新要求（如减污降碳、资源循环）等。另外，为避免在测度过程中出现多主体在低治理水平上的高协同问题（伪协同）[51,53]，本节将根据既有研究经验（即“两步走”法，见第 1.3.2.1 节），首先测度出不同主体的生态环境治理水平（反映系统本身的“发展”）；在此基础上，测度出生态环境多主体协同治理水平（反映系统间的“发展”与“协调”）。相关结果有助于了解当前生态环境多主体协同治理水平的发展现状，并为后文的实证分析提供因变量。

① 基于嵌套主从博弈网络 DEA 模型的不同主体生态环境治理水平的测度。

本书先基于嵌套主从博弈网络 DEA 模型（Nested Leader Follower Game Network DEA：NLFG-NDEA）来测度出不同主体的生态环境治理水平。为便于理解，下文首先比较分析了相关研究中的不同测度方法，以说明本书选择 DEA 模型进行测度的优势所在。其次，介绍了网络 DEA（NDEA）模型对本书的适用性及其应用。最后，根据中国情境下不同主体参与生态环境治理的特征，构建了 NLFG-NDEA 模型，以期对不同主体生态环境治理水平的测度更贴合实际。具体如下。

第一，选择 DEA 模型的原因及其基本内涵。关于如何测度不同主体的生态环境治理水平已引起学者的广泛关注。其中，生命周期评估、熵权法及 DEA 是评价不同主体生态环境治理水平的常用方法[52,162-163]。生命周期评估法可用于从生命周期中环境影响和资源消耗的角度对各主体的生态环境治理水平进行评估，但该模型的研究边界和功能单元定义等需人为确定[164]，具有较大的主观性。利用熵权法测度不同主体的生态环境治理水平虽能最大限度地筛选重要指标并压缩评价体系，但可能导致指标信息的损失和重叠，使评价结果偏离实际[165]。相较于其他方法，DEA 模型在测度不同主体的生态环境治理水平方面具有以下优势：首先，该方法无须对生产函数形式进行预先假定，避免了结果的主观性；其次，DEA 模型无须对数据进行去量纲化等处理，降低了对数据处理造成的信息损失及计算的复杂性；最后，DEA 模型能同时处理多投入和多产出问题，更贴近真实情况[166-167]。有鉴于此，越来越多的学者采用 DEA 来测度不同主体的生态环境治理水平。例如，吴建祖和王蓉娟[168]基于 DEA 模型测度了中国 283 个地级市政府的生态环境治理水平。类似的研究还包括 Shao 等[169]。综上，本节拟采用 DEA 模型来评价不同主体的生态环境治理水平。

DEA 模型由查恩斯（Charnes）等[170]正式提出。他们采用决策单元的权重产出和与权重投入和的比值来表示效率，进而在保证所有决策单元效率不大于 1 的前提下寻求每个决策单元效率可能达到的最大值。DEA 的传统模型主要包括 BCC 模型和 CCR 模型。运用 DEA 对研究对象进行评价一般应包含投入、产出和结果三个要素。其中，评价的结果由研究对象［下文统称为决策单元（Decision making unit，DMU）］投入和产出之间的数量关系来确定。相比其他 DMU，当某一 DMU 利用更少的投入实现了更高的产出，可认为该 DMU 取得了更高的水平[171]。在利用 DEA 对某一活动进行评价时，每个被评估的对象都可被视为一个 DMU。活动中消耗的人、财、物等资源被称为投入指标，活动中所产生的期望收益及非期望收益被称为产出指标。期望收益指进行一项活动所期望获得的结果（又称期望产出），而非期望收益则是决策者不希望但又无法避免的副产品（又称非期望产出）。例如，在经济生产过程中，劳动力、资本和能源是经济增长的主要投入指标，国内生产总值（GDP）是期望产出，伴随而来的环境污染物则是非期望产出。

第二，NDEA 模型的适用性及其应用。随着研究的深入，学者发现传统的 DEA 模型只考虑最初的投入和最终的产出，忽视了系统的复杂性特征。例如，在由多个子系统构成的具有网络结构的复杂系统中，整个复杂系统的产出不仅由复杂系统的投入决定，还需考虑复杂系统内部多个子系统之间的联系[172]。针对该问题，有学者在传统 DEA 模型的基础上提出了 NDEA 模型[173]，通过考虑复杂系统内部子系统之间的联系，提升了对复杂系统综合水平测度的准确性[174]。于本书而言，中央政府、地方政府、企业、公众在生态环境治理过程中是相互影响的，使生态环境多主体系统具备复杂的网络特征。因此，NDEA 模型将更适用于对不同主体的生态环境治理水平进行测度。

根据网络结构的差异，可将 NDEA 模型细分为三种类型：串联 NDEA 模型、并行 NDEA 模型和混合 NDEA 模型。其中，串联 NDEA 模型是指将复杂系统划分为相互连接的多个子系统[175]；并行 NDEA 模型是指将复杂系统划分为并行的多个子系统[176]；混合 NDEA 模型则是串联网络和并行网络结构的结合[177]。为贴近现实情况，学者们也对上述三种 NDEA 模型进行了扩展研究：(i) 从共享投入和共同产出的角度来看，Wu 等[178] 在将中国 30 个省份的工业系统划分为经济生产和污染治理两个串联子系统的基础上，进一步考虑了共享投入（劳动力和能源同时被上述两个子系统利用，但因无法获得每个子系统的准确数据，故采用共享投入的处理方式）的情形。类似地，Wu 等[179] 将陆路运输划分为客运和货运两个并行子系统的基础上，将 CO_2 排放视为两个子系统的共同非期望产出。类似的研究还包括斯蒂芬妮（Stefanie）等[180]、伊斯拉米（Eslami）等[181]。(ii) 从建模过程的角度来看，可将 NDEA 模型划分为合作博弈 NDEA 模型和主从博弈 NDEA 模型。合作博弈 NDEA 模型假设各子系统对整体而言具有同等重要的作用[182]。然而，上述假设在一些现实情形中是难以成立的。比如，在供应链中，上游的供货商往往具有较大的话语权，因此，上游的供货商和下游的零售商对供应链系统整体水平的贡献明显是不同的[183]。主从博弈 NDEA 模型则可对上述子系统间不平等地位的情形进行刻画[184]。主从博弈 NDEA 的建模思路为：首先确定不同子系统的相对重要性，其次利用 DEA 模型获得占据主导地位子系统的治理水平，最后在保证上述结果不变的情况下求解其他子系统的治理水平[185-186]。

第三，NLFG-NDEA 模型的构建。中国的生态环境治理过程具有政府主导、企业和公众协同参与的特征，这与主从博弈 NDEA 模型有所类似，但又存在区别。相似性在于相对企业和公众，政府在生态环境治理过程中处于主导性地位，这符合主从博弈 NDEA 模型的核心内涵。而区别在于相对政府而言，企业和公众在生态环境治理中应该发挥同等重要的作用，这与合作博弈的内涵一致。换句话说，在中国生态环境治理的过程中，不仅要考虑政府的主导性地位，还应考虑企业和公众的平等性地位，这就需要将合作博弈和主从博弈思想相结合。此外，中央政府和地方政府在生态环境治理中扮演的角色有所不同，但两者对于生态环境治理政策的制定和执行具有同等重要的作用，这也与合作博弈的核心内涵相一致。综合以上分析，只有构建同时包含合作博弈和主从博弈的嵌套 NDEA 模型（即 NLFG-NDEA 模型），才能更客观地测度出不同主体的生态环境治理水平。

为便于理解，这里将首先介绍最常见的串联合作博弈 NDEA 模型和主从博弈 NDEA 模型。图 3-2 给出了串联网络结构的一般情形[187]。图 3-2 中将复杂系统划分为两个前后相连的子系统，子系统 1 的投入为 X_1，产出为 Z 和 Y_1，子系统 2 的投入为 Z 和 X_2，产出为 Y_2，可以发现 Z 既是子系统 1 的产出又是子系统 2 的投入，称为连接指标。其他网络结构（并联、混合网络结构）的合作博弈和主从博弈模型构建思路与串联结构类似，限于篇幅，此处不再赘述。

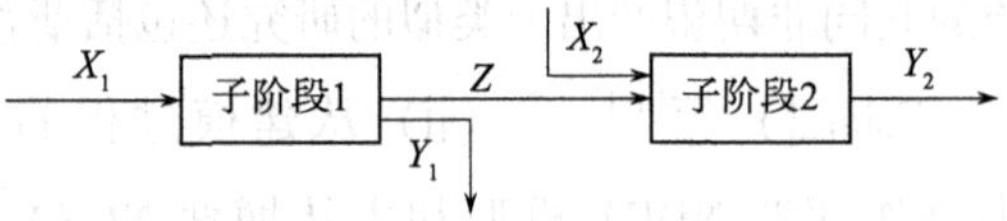

图 3-2 两阶段网络结构

根据 Liang 等[183]、Kao 和 Hwang[188] 的研究经验，合作博弈下的串联 NDEA 模型可表示为模型（3-1）所示：

$$\min(\theta_1+\theta_2)$$

$$\text{s.t.}$$

$$\sum_{j=1}^{n}\lambda_j x_{i_1 j}\leqslant\theta_1 x_{i_1 k}\qquad(i_1=1,\cdots,m_1)$$

$$\sum_{j=1}^{n}\lambda_j y_{r_1 j}\geqslant y_{r_1 k}\qquad(r_1=1,\cdots,s_1)$$

$$\sum_{j=1}^{n}\mu_j x_{i_2 j}\leqslant\theta_2 x_{i_2 k}\qquad(i_2=m_1+1,\cdots,m)$$

$$\sum_{j=1}^{n}\mu_j y_{r_2 j}\geqslant y_{r_2 k}\qquad(r_2=s_1+1,\cdots,s)$$

$$\sum_{j=1}^{n}\lambda_j z_{hj}=\sum_{j=1}^{n}\mu_j z_{hj}\qquad(h=1,\cdots,H;\lambda_j\geqslant 0;\mu_j>0;\forall j)$$

$$(3-1)$$

模型中存在两个强度变量（λ_j，μ_j），分别对应两个不同的子系统；θ_1 和 θ_2 表示两个子系统的评价结果，用以测度投入指标的潜在缩减水平。模型（3-1）在保证被评估的 DMU（k）产出指标不变小的情况下，寻求各子系统投入指标的最小值。Z 的等式约束意味着两个子系统共同确定 Z 的最优值。模型（3-1）在评估中同时寻求两个子系统的评价结果，暗含每个子系统对整体具有同等重要的作用。然而，当某一个子系统对整体更重要时

（这里假设子系统 1 占据主导地位），采用主从博弈 DEA 模型更加合理[184]，如模型（3-2）和模型（3-3）所示：

$$
\begin{aligned}
&\min \theta_1^L \\
&\text{s. t.} \\
&\sum_{j=1}^{n} \lambda_j x_{i_1 j} \leqslant \theta_1^L x_{i_1 k} && (i_1 = 1, \cdots, m_1) \\
&\sum_{j=1}^{n} \lambda_j y_{r_1 j} \geqslant y_{r_1 k} && (r_1 = 1, \cdots, s_1) \\
&\sum_{j=1}^{n} \mu_j x_{i_2 j} \leqslant x_{i_2 k} && (i_2 = m_1 + 1, \cdots, m) \\
&\sum_{j=1}^{n} \mu_j y_{r_2 j} \geqslant y_{r_2 k} && (r_2 = s_1 + 1, \cdots, s) \\
&\sum_{j=1}^{n} \lambda_j z_{hj} = \sum_{j=1}^{n} \mu_j z_{hj} && (h = 1, \cdots, H; \lambda_j \geqslant 0; \mu_j > 0; \forall j)
\end{aligned}
\qquad (3-2)
$$

$$
\begin{aligned}
&\min \theta_2^F \\
&\text{s. t.} \\
&\sum_{j=1}^{n} \lambda_j x_{i_1 j} \leqslant \theta_1^{L*} x_{i_1 k} && (i_1 = 1, \cdots, m_1) \\
&\sum_{j=1}^{n} \lambda_j y_{r_1 j} \geqslant y_{r_1 k} && (r_1 = 1, \cdots, s_1) \\
&\sum_{j=1}^{n} \mu_j x_{i_2 j} \leqslant \theta_2^F x_{i_2 k} && (i_2 = m_1 + 1, \cdots, m) \\
&\sum_{j=1}^{n} \mu_j y_{r_2 j} \geqslant y_{r_2 k} && (r_2 = s_1 + 1, \cdots, s) \\
&\sum_{j=1}^{n} \lambda_j z_{hj} = \sum_{j=1}^{n} \mu_j z_{hj} && (h = 1, \cdots, H; \lambda_j \geqslant 0; \mu_j > 0; \forall j)
\end{aligned}
\qquad (3-3)
$$

主从博弈 NDEA 模型与合作博弈 NDEA 模型的主要区别在于前者首先需要确定占据主导地位子系统的评价结果［由模型（3-2）确定］，然后在保证该结果不变的前提下寻求从属子系统的评价结果。模型（3-3）中的变量 θ_1^{L*} 表示由模型（3-2）获得的主导子系统的评价结果。

在本研究中，生态环境多主体包含中央政府、地方政府、企业和公众。结合两阶段网络结构的评价思想（图 3-2）及不同主体参与生态环境治理的特征，此处绘制了不同主体生态环境治理水平评价的结构示意图（图 3-3）。

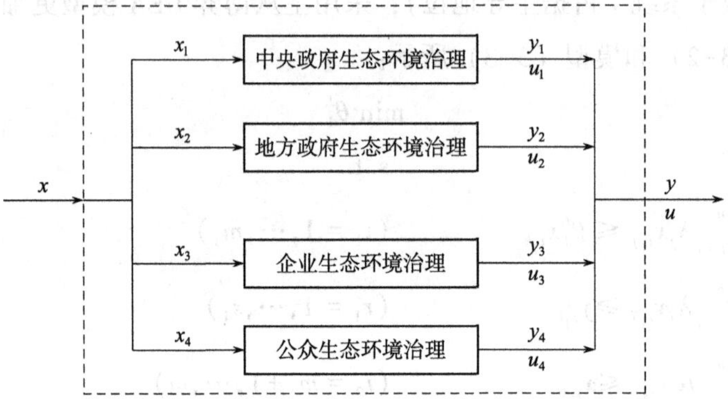

图 3-3 不同主体生态环境治理水平的评价结构

图 3-3 中每个主体在生态环境治理中投入一定的资源（x），产生的治理效果表示为 y，同时可能伴随着污染物等非期望产出（u）的出现。该评价结构图有助于理解下文的模型构建。考虑到中国情境下政府在生态环境治理过程中的主导型特征，并结合主从博弈与合作博弈的思想，中央政府、地方政府、企业和公众的生态环境治理水平的测度模型可分别构建模型（3-4）和模型（3-5）：

$$\min \theta_1{}^g + \theta_2{}^g$$

$$\text{s.t.}$$

$$\left.\begin{array}{ll}\sum_{j=1}^{n}\lambda_j^1 x_{i_1 j} \leqslant \theta_1{}^g x_{i_1 k} & (i_1 = 1, \cdots, m_1) \\ \sum_{j=1}^{n}\lambda_j^2 x_{i_2 j} \leqslant \theta_2{}^g x_{i_2 k} & (i_2 = m_1+1, \cdots, m_2) \\ \sum_{j=1}^{n}\lambda_j^3 x_{i_3 j} \leqslant x_{i_3 k} & (i_3 = m_2+1, \cdots, m_3) \\ \sum_{j=1}^{n}\lambda_j^4 x_{i_4 j} \leqslant x_{i_4 k} & (i_4 = m_3+1, \cdots, m)\end{array}\right\}\text{投入约束}$$

$$\left.\begin{array}{ll}\sum_{j=1}^{n}\lambda_j^1 y_{r_1 j} \geqslant y_{r_1 k} & (r_1 = 1, \cdots, s_1) \\ \sum_{j=1}^{n}\lambda_j^2 y_{r_2 j} \geqslant y_{r_2 k} & (r_2 = s_1+1, \cdots, s_2) \\ \sum_{j=1}^{n}\lambda_j^3 y_{r_3 j} \geqslant y_{r_3 k} & (r_3 = s_2+1, \cdots, s_3) \\ \sum_{j=1}^{n}\lambda_j^4 y_{r_4 j} \geqslant y_{r_4 k} & (r_4 = s_3+1, \cdots, m)\end{array}\right\}\text{产出约束}$$

$$\left.\begin{array}{ll}\sum_{j=1}^{n}\lambda_j^{\min}y_{rj}\geqslant y_{rk} & (r=1,\cdots,q)\\ \sum_{j=1}^{n}\lambda_j^{\max}u_{hj}\leqslant u_{hk} & (h=1,\cdots,v)\\ \lambda_j^{p}-\lambda_j^{\max}\leqslant 0 & (\forall p,j)\\ \lambda_j^{\min}-\lambda_j^{p}\leqslant 0 & (\forall p,j)\end{array}\right\}\text{共同产出约束}$$

$$\sum_{j=1}^{n}\lambda_j^{p}=1 \quad (\forall p)\}\text{规模收益可变假设}$$

$$0\leqslant\theta_1{}^{g}\leqslant 1,0\leqslant\theta_2{}^{g}\leqslant 1$$

$$\lambda_j^{p},\lambda_j^{\min},\lambda_j^{\max}\geqslant 0,\forall p,j$$

(3 - 4)

$$\min\ \theta^{e}+\theta^{c}$$

s. t.

$$\left.\begin{array}{ll}\sum_{j=1}^{n}\lambda_j^{1}x_{i_1j}\leqslant\theta_1{}^{g*}x_{i_1k} & (i_1=1,\cdots,m_1)\\ \sum_{j=1}^{n}\lambda_j^{2}x_{i_2j}\leqslant\theta_2{}^{g*}x_{i_2k} & (i_2=m_1+1,\cdots,m_2)\\ \sum_{j=1}^{n}\lambda_j^{3}x_{i_3j}\leqslant\theta^{e}x_{i_3k} & (i_3=m_2+1,\cdots,m_3)\\ \sum_{j=1}^{n}\lambda_j^{4}x_{i_4j}\leqslant\theta^{c}x_{i_4k} & (i_4=m_3+1,\cdots,m)\end{array}\right\}\text{投入约束}$$

$$\left.\begin{array}{ll}\sum_{j=1}^{n}\lambda_j^{1}y_{r_1j}\geqslant y_{r_1k} & (r_1=1,\cdots,s_1)\\ \sum_{j=1}^{n}\lambda_j^{2}y_{r_2j}\geqslant y_{r_2k} & (r_2=s_1+1,\cdots,s_2)\\ \sum_{j=1}^{n}\lambda_j^{3}y_{r_3j}\geqslant y_{r_3k} & (r_3=s_2+1,\cdots,s_3)\\ \sum_{j=1}^{n}\lambda_j^{4}y_{r_4j}\geqslant y_{r_4k} & (r_4=s_3+1,\cdots,m)\end{array}\right\}\text{产出约束}$$

$$\left.\begin{array}{ll}\sum_{j=1}^{n}\lambda_j^{\min}y_{rj}\geqslant y_{rk} & (r=1,\cdots,q)\\ \sum_{j=1}^{n}\lambda_j^{\max}u_{hj}\leqslant u_{hk} & (h=1,\cdots,v)\\ \lambda_j^{p}-\lambda_j^{\max}\leqslant 0 & (\forall p,j)\\ \lambda_j^{\min}-\lambda_j^{p}\leqslant 0 & (\forall p,j)\end{array}\right\}\text{共同产出约束}$$

$$\sum_{j=1}^{n}\lambda_j^{p}=1 \quad (\forall p)\}\text{规模收益可变假设}$$

$$0 \leqslant \theta_1^e \leqslant 1, 0 \leqslant \theta_2^e \leqslant 1$$
$$\lambda_j^p, \lambda_j^{\min}, \lambda_j^{\max} \geqslant 0, \forall p, j$$
(3 - 5)

上述两个模型中 θ_1^g 和 θ_2^g 分别表示中央政府和地方政府在生态环境治理中投入的潜在缩减水平，反映了中央政府和地方政府的生态环境治理水平，类似地，θ^e 和 θ^c 表示企业和公众的生态环境治理水平。模型（3-4）首先获得中央政府和地方政府的生态环境治理水平，随后在保证上述治理水平保持不变的前提下，求解企业和公众的生态环境治理水平［由模型（3-5）来实现］。关于模型中的投入（x_1, x_2, x_3, x_4）和产出（y_1, y_2, y_3, y_4）约束与前面小节介绍的模型类似，表示每个决策单元在产出不变小的情况下寻求投入的最小缩减程度。与以往模型不同的是，模型（3-4）和模型（3-5）还考虑了部分产出指标是共同产出的情形，如 y 和 u（图 3-3），其中 y 表示期望产出指标，u 表示非期望产出指标。共同产出意味着某些产出指标是多个参与主体共同作用的结果，这里借鉴了其他学者[189-190]的处理方法。中国情境下政府主导、企业和公众协同参与的生态环境治理模式已成为共识，且各主体在生态环境治理中发挥着不可替代的作用以实现经济、社会和环境的协调发展。在这种情形下，所实现的治理效果是各主体共同作用的结果，因此本书采用共同产出的处理方式对其进行建模。

总体来说，本书构建的 NLFG-NDEA 模型在继承了 DEA 模型测度不同主体的生态环境治理水平方面所具有优势的基础上，还从以下 3 个方面提升了测度结果的准确性：①考虑了不同主体间的联系与制约（网络结构），使评价结果更贴近实况；②考虑了政府在生态环境治理过程中的主导作用，并区分了中央政府和地方政府，提升了情景模拟的真实性；③采用共同产出的建模结构，弥补了该领域产出指标数据可获得性较难的问题，增加了对不同主体生态环境治理水平测度的可行性。通过 NLFG-NDEA 模型可求得文中四个主体的生态环境治理水平，为下一节利用耦合协调模型来获得生态环境多主体协同治理水平奠定了基础。

② 基于耦合协调模型的生态环境多主体协同治理水平评价。已有众多研究采用“DEA+”的方法来评估不同情形下的多主体协同治理水平。例如，李鹏等[51]在《管理世界》期刊上的刊文：采用 DEA-HR 模型来探究

农业废弃物循环利用过程中所涉主体的协同治理水平。类似的研究还有颜延武等[191]、于艳丽和李烨[192]等。然而，上述研究所采用的 HR 模型虽可区分低效协同与高效协同（避免伪协同），但评估和分析过程相对复杂，不利于对研究结果的理解。有鉴于此，大量学者倾向于采用 DEA+耦合协调模型分析多主体或多个系统之间的协同发展（或治理）水平[193-194]，即在利用 DEA 模型评价系统本身的发展水平后，通过耦合协调模型分析系统间的协同发展水平，从而说明系统间是否兼具共同发展与和谐共进的趋势[195]（详见第 2.1.4 节的分析）。换句话说，采用 DEA+耦合协调模型的方法不仅能判断耦合系统中各子系统本身的发展水平，还能进一步表征各子系统间协同发展的程度，从而有效解决耦合系统中多个子系统间可能存在的伪协同问题，以更好地指导相关社会实践。

针对本书，这里的耦合系统即生态环境治理的多主体系统，其中包含了中央政府、地方政府、企业和公众等子系统（见第 2.1.4 节分析）。通过前文所构建的 NLFG-NDEA 模型分别获得了四个主体的生态环境治理水平之后，本书采用耦合协调模型来测度生态环境多主体协同治理水平，计算公式如模型（3-6）所示：

$$
\begin{cases}
C_3 = \sqrt[4]{\dfrac{\theta_1^g \theta_2^g \theta^e \theta^c}{\left(\dfrac{\theta_1{}^g + \theta_2{}^g + \theta^e + \theta^c}{4}\right)^4}} \\
T_3 = \tau_1 \theta_1^g + \tau_2 \theta_2^g + \tau_3 \theta^e + \tau_4 \theta^c \\
D_3 = \sqrt{C_3 D_3}
\end{cases}
\tag{3-6}
$$

其中，θ_1^g、θ_2^g、θ^e 和 θ^c 分别是上文通过 NLFG-NDEA 模型获得的中央政府、地方政府、企业和公众的生态环境治理水平值。C_3 为中央政府、地方政府、企业和公众的耦合程度，显示了四者的平均偏离程度，其值越小则表明两者的耦合度越强；T_3 为四个主体的协同程度，其值越大说明四者的协同程度越佳；D_3 为四者的耦合协调程度，反映了生态环境多主体协同治理水平。D_3 取值范围为［0，1］，其值越接近 1，表示生态环境多主体协同治理水平越高；越接近 0，则反之。τ_1、τ_2、τ_3 和 τ_4 用于表示中央政府、地方政府、企业和公众对整体系统的贡献程度。

(2) 评价指标体系的构建。依据前文分析，本书先利用 NLFG-NDEA 模型评价出不同主体的生态环境治理水平，然后基于上述评价结果，利用耦合协调模型评价出生态环境多主体协同治理水平。这说明了需要构建出不同主体的生态环境治理水平评价指标体系，从而为本书的因变量测度奠定基础。首先，评价指标体系的构建应遵循代表性、可操作性和适应性原则[196]。本研究据此对中央政府、地方政府、企业和公众的生态环境治理水平的评价指标进行选取，以期构建相对科学的评价指标体系。一是选择该领域引用较多的指标，以确保所选的指标具有代表性；二是选择的指标是便于收集的，以满足可操作性的要求；三是遵循中国政府发布的相关政策中所涉及的不同主体参与生态环境治理的重要内容，以使指标体系更具适应性。其次，在通过上述原则初步筛选出相应的指标后，本书根据第 3.2 节所提及数据的可获得性、完整性和权威性等客观条件，最终选择了如表 3-2、表 3-3 所示的指标来构建不同主体的生态环境治理水平评价指标体系，以使所构建的指标体系能较好地满足本书的研究目的。下文将分别对所选择的投入指标和产出指标进行解释。

表 3-2 不同主体的生态环境治理水平投入指标评价体系

中央政府	地方政府	企业	公众
中央政府环境保护能力建设投资	当年颁布的地方性环境保护法规	企业绿色技术创新	人大环境提案数
中央政府市政公用基础设施投资	环境诉求回应量	企业工业污染治理费用	政协环境建议数
—	地方政府环境保护能力建设投资	企业环境责任平均得分	环境信访量
—	地方政府市政公用基础设施投资	企业社会责任平均得分	人均生活垃圾及污水排放量

表 3-3 生态环境治理水平产出指标评价体系

压力指标（P）	状态指标（S）	响应指标（R）
单位 GDP 废水排放量	森林覆盖率	节水灌溉面积
单位 GDP 碳排放量	土地沙漠化面积	固体废弃物综合利用率

续表

压力指标（P）	状态指标（S）	响应指标（R）
单位 GDP 二氧化硫（SO_2）排放量	人均水资源	生活垃圾无害化处理率
单位 GDP 烟尘排放量	耕地面积	城市建成区绿化面积
单位 GDP 能耗	湿地面积	工业用水重复利用率
单位 GDP 水耗	自然保护区面积	—

① 投入指标。根据前文分析，不同主体生态环境治理水平的投入指标应为中央政府、地方政府、企业和公众的生态环境治理行为表现，包括人力、物力、财力等投入。

对中央政府而言，如前文所述，中央政府参与生态环境治理的行为主要表现为相关政策的顶层设计和对地方政府生态环境治理的政策、经济支持。为体现上述两个行为，这里选取能够使中央政府与地方政府生态环境治理行为相匹配的环境保护能力建设投资及市政公用基础设施投资两项替代指标。其一，中央政府在生态环境治理领域的投入需地方政府的响应支持才能最终转化为具体行动力，即中央政府生态环境的顶层设计及其对地方政府的政策和经济支持行为，均与地方政府紧密相关。本书故而选择与地方政府相匹配的指标。其二，环境保护能力建设投资和市政公用基础设施投资能体现政府改善生态环境、建设环境基础设施、促进环境发展的决心和努力。其三，经仔细查阅发现，在各类统计年鉴及政府工作报告等权威数据库中，中央政府仅有此两项指标包含 29 个省份的数据且满足本书的研究目的和时间范围，其他多数为全国整体数据或披露时间仅为近 2~3 年。因数据的可获得性，本书仅选择了上述二者作为中央政府生态环境治理的投入指标。

对地方政府而言，除了上述两个有关财力投入的技术经济类指标之外，地方性环境保护法规可表示地方政府积极进行环境保护的人力、精力等投入行为，是地方政府开展生态环境治理工作的主要工具之一[68]，有助于地方政府因地制宜地采取措施来规范其他主体的环境保护行为，并完成生态环境治理目标。环境诉求回应量则可体现地方政府对公众环境诉求的回应，是其履行生态环境治理职能的重要表现，已在相关研究中广泛使用[197-198]。该指标可反映地方政府参与生态环境治理的软性特征（环境责任、能力等)，能与上述技术经济类指标相补充。综上，本书所选择的 4 个投入指标能较好地体现地方政府进行生态环境治理工作的主要特征。

对企业而言，企业绿色技术创新和工业污染治理费用可以反映出企业或主动或被动地为减少污染排放、提升资源利用效率、积极响应生态环境治理所做的努力。这两个指标为企业参与生态环境治理的技术经济类指标，已被学者广泛使用[52]。此外，企业环境责任得分、企业社会责任得分两个指标是反映企业生态环境治理软性特征的代表性指标，由每个省份所有上市公司的环境责任得分、社会责任得分的平均值来替代[57,199]。由此可见，本研究所选择的 4 个企业参与生态环境治理的投入指标既囊括了技术经济类的硬性特征指标，还包含了企业责任等软性特征指标，能够较好地反映企业参与生态环境治理的行为特征。

对公众而言，其参与生态环境治理的主要方式有两种：一是对企业和政府的生态环境治理行为进行监督，并提出环境诉求，这里选取人大环境提案数、政协环境建议数、环境信访量作为替代指标[52,200]。二是公众从生活方式的改善来参与生态环境治理。参考既有经验并结合数据的可获得性[201-202]，本书将人均生活垃圾及污水排放量视为公众在生活中减少环境污染的替代指标。

② 产出指标。不同主体生态环境治理水平的产出指标应指：在不同主体的参与下，生态环境治理的效益不断得到提升。本书以学者们在生态环境效益评价中广泛使用的压力—状态—响应（PSR）框架[203-204]为基础进行相应的指标选取。PSR 框架中设置了三类生态环境效益评价维度，其中压力维度是指人类经济和社会活动带来的生态环境压力；状态维度是指生态环境的改变及自然资源存量的变化；响应维度是指人类采取相应措施来遏制环境污染和生态资源的过度消耗。根据 PSR 框架的定义并结合本领域既有文献的研究经验，本书分别选择了如表 3-2、表 3-3 中所示的指标进行表征。需特别提及的是，因无法获得每个主体生态环境治理产出的准确数据，故此处采用共同产出的处理方式（见第 3.3.2.1 节的分析）。

其中，森林覆盖率、土地沙漠化面积、人均水资源、耕地面积、湿地面积、自然保护区面积及城市建成区绿化面积等指标是生态效益的具体反映，这些指标已在许多生态效益评估研究中被广泛使用[205,207]。需提及的是，虽然有学者认为退化土地生态恢复率[208]、草原面积[209]、生物多样性生态价值当量、空气质量二级以上天数占比[206]等指标也可反映生态效益，但因难以找到符合本研究测度范围的相关数据，故未予以采用。单位GDP废水排放量、单位GDP碳排放量、单位GDP二氧化硫（SO_2）排放量、单位GDP烟尘排放量等其他指标则是用于评价环境效益的代表性指标[69,204]。此外，减污降碳、资源循环等要求已融入当前生态环境治理实践中[205]。因此，选用单位GDP碳排放量来体现当前生态环境治理实践中的“降碳”要求；工业用水重复利用率及固体废弃物综合利用率是用来体现当前生态环境治理实践中的“资源循环”要求；节水灌溉面积、单位GDP能耗和单位GDP水耗用来体现当前生态环境治理实践中的“资源节约”要求；城市建成区绿化面积等指标则用来体现当前生态环境治理实践中的“绿色”要求[201]。生活垃圾无害化处理率、单位GDP废水排放量、单位GDP烟尘排放量、单位GDP二氧化硫（SO_2）排放量等指标则用来体现当前生态环境治理实践中的“减污”要求。森林覆盖率、土地沙漠化面积、人均水资源、耕地面积、自然保护区面积、湿地面积常用来表征区域生态环境资源禀赋的替代指标[52,204]。综上可知，本书所选择的指标不仅可充分反映生态效益和环境效益，还能体现当前生态环境治理实践中所要求的“减污降碳”“资源循环”“绿色节约”等新特征。

需要特别指出的是，评价结果的有效性会受到所选取指标数量的影响。为保证DEA评价结果的有效性，一般要求DMU的数量是指标数的两倍以上[210]。为此，本书借鉴其他学者的做法，将全局技术（Global Technology）引入DEA模型[158]。在引入全局技术之前，生产前沿面的构建只考虑当期的DMU；引入全局技术后，研究期内所有时期的DMU均参与生产前沿面的构建[158]。具体做法为：在上述模型（3-4）和模型（3-5）的约束条件中，左侧的求和约束进一步将时间维度考虑进去。全局技术的最初目的是使不同时期DMU的治理水平具有可比性，但该技术等同于变相增加了DMU的数量。在本书中，考虑全局技术后的DMU数量由之前的29个变为29×9个（研究期限为9年，每年29个DMU），不仅满足了DEA对DMU数量和指标数之间的要求，也使评价结果具有在时间维度上的可比性。

(3) 生态环境多主体协同治理水平测度结果。在前文的基础上，本书得到了研究期内的生态环境多主体协同治理水平，如图 3-4 所示，以下将对该图的含义进行具体解释。

图 3-4 显示了研究期内中国 29 个省份的生态环境多主体协同治理水平的均值（黑色折线），以及各年度不同省份的生态环境多主体协同治理水平的分布情况（箱线图）。由图 3-4 可知，生态环境多主体协同治理水平整体呈现波动上升的发展趋势，但仍存在进一步提升的空间，且不同省份的生态环境多主体协同治理水平存在较大的发展差异。该研究结果不仅有助于了解生态环境多主体协同治理水平的发展现状，还可为后文的实证分析提供因变量。因本节的目的主要是测度因变量，故此处未对该评价结果进行详细的分析。

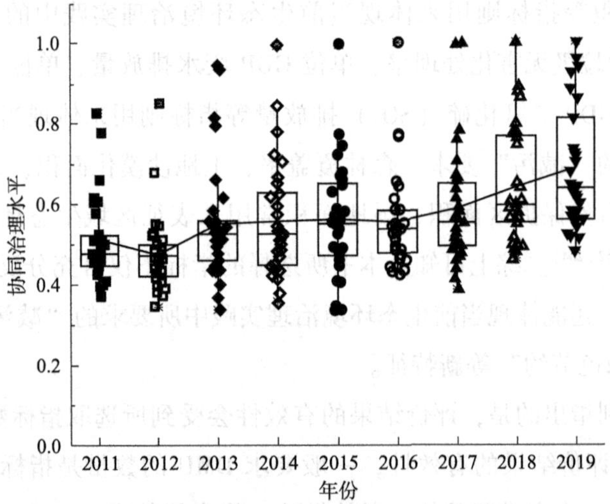

图 3-4 生态环境多主体协同治理水平的测度结果

3.2.2.3 中介变量

本研究的中介变量为地方政府环境信息公开（EID）：本书选用污染源监管信息公开指数（PITI）来测度 EID。该指数的评价项目包括地方政府环境监管信息公开的数量和质量、环境监管信息公开平台的应用和普及水平、公众等主体对环境监管信息公开平台的满意度等，与本书的研究内容具有较高的契合度。目前已有大量学者利用 PITI 指数来测度地方政府的 EID 水平[197,211]，且该指数的适用性已得到了政府、非政府组织、研究机构等多方认可[142]。因此，本书运用该指数来测度 EID，具有一定的权威性和代表性。

3.2.2.4　调节变量

本研究的调节变量包括晋升激励与环境关注度，下文将分别进行阐释。

（1）晋升激励（PI）：钱先航等[212] 在《经济研究》期刊上针对当时以经济和社会效益为主的地方官员晋升激励体系，提出了通过 GDP 增长率和失业率来测度地方官员晋升激励的方法。然而，随着实践的不断发展，环境绩效在地方官员的晋升激励体系中扮演着愈渐重要的角色[213]。因此，一些学者指出，需在原有测度指标的基础上增加环境激励的测度指标，从而更准确地反映当前晋升激励体系的新特征[214]。本书参考既有研究经验[215]，并充分考虑当前生态环境治理实践中大力推进碳减排的背景[145]，选用碳排放压力（即碳排放平均增速）作为晋升激励中环境激励的测度指标。需提及的是，虽然一些论文分别选用了建成区绿化面积[214] 或工业 SO_2 排放量[216] 来测度环境激励，但上述指标与第 3.3.2 节选用的指标重复。为避免内生性问题，本书未予以考虑。另外，因地方官员的晋升考核会遵循“可比地区”的原则[28]，故本书参考既有研究经验[212]，通过对区域间上述指标横向比较结果赋值的方式来构建晋升激励指数，其值越大，表示晋升激励越强。

（2）环境关注度（EPA）：根据第 3.1.3.2 节的解释，本书的环境关注度主要包括地方政府环境关注度、企业环境关注度和公众环境关注度。地方政府环境关注度的测度参考陈诗一和陈登科[113] 在《经济研究》上的刊文，选取“环境保护”等 100 个与环境保护相关的关键词，对研究期内《政府工作报告》中的内容进行文本分析和词频统计，然后计算出相关环境保护关键词在《政府工作报告》词频中所占比重，进而构建地方政府的环境关注度指数。其值越大，表示地方政府对于环境保护的关注度越高。企业环境关注度的测度，参考迪里奥等（Duriau et al.）[217] 的研究经验，选取“节能减排”等 19 个环境保护关键词，对区域内所有上市公司年报进行文本分析和词频统计，然后计算出相关关键词的词频在上市公司年报词频中所占比重，进而构建企业环境关注度指数。其值越大，表明企业的环境关注度越高。公众环境关注度的测度参考复旦大学吴力波教授的研究成果，采用环境污染百度搜索指数来测度[34]。互联网的飞速发展使公众更偏向于在网上表达对生态环境治理的看法和诉求，或是浏览与自身密切相关的生态环境治理信息，故环境污染相关关键词的搜索量可较客观地反映公众的环境关注度。百度是中国最大的搜索引擎，利用百度搜索指数来反映公众行为具有较高的可信度。已有很多学者沿用该方法来测度公众的环境关注度[57,218]。其值越大，表明公众的环境关注度越高。针对本书的研究内容，运用熵权法将上述三者的环境关注度进行合并分析。

3.2.2.5 控制变量

本课题共选取了以下 6 个控制变量，相关变量的选择原因及测度方式如下。

（1）城镇化水平（UL）。本课题的研究时间范围处于中国城镇化水平快速发展时期，成千上万的农村人口迁往城市定居，对区域环境容量和质量造成了极大的冲击，也为经济社会发展带来了巨大的机遇和挑战[219]。因而 UL 对中央政府生态环境治理目标的制定和调整、对地方政府相关环境保护政策的执行、对企业环境保护政策的响应策略及对公众的环境保护行为都会产生较大影响，进而影响到生态环境多主体协同治理水平。本书采用各省份的城镇化率来控制其对该协同治理水平的影响。

（2）人力资本（HC）指的是劳动力所具有的知识和能力水平等要素[220]。该变量对生态环境多主体协同治理水平的影响主要体现在以下两个方面：第一，较高的人力资本有助于提升决策理性，在一定程度上减少主体的自利行为；第二，拥有较高人力资本的地区通常对生态环境质量的需求较高。上述特征会促使地方政府积极履行环境保护职责，促进企业积极响应环境保护政策，从而对生态环境多主体协同治理水平产生影响。本书采用人均受教育年限[37]来测度各省份的人力资本发展程度。

（3）经济发展水平（PGDP）。稳定的经济发展水平可保障地方财税收入，为区域生态环境治理投资和基础设施建设奠定良好的资金基础，从而对生态环境多主体协同治理水平产生影响。本书采用各地区的人均地区生产总值进行衡量[221]。

（4）产业结构优化（IS）。当前，中国许多地区仍较大程度依靠第二产业发展区域经济。然而，与第三产业相比，第二产业对自然资源的消耗较大、污染排放较多。产业结构优化是当前实现环境保护的一个重要方式，可以有效促进经济、社会的高质量发展和生态环境效益的提升。因此，产业结构优化能够通过促进多主体在生态环境治理领域的利益趋同，从而在一定程度上影响生态环境多主体协同治理水平。本课题采用第三产业产值/第二产业产值[222] 来测度各省份的产业结构优化水平。

（5）对外开放程度（OPEN）。对外开放程度越高的地区一般具有更多的进出口贸易，这会影响地方政府和企业环境保护行为选择，进而对生态环境多主体协同治理水平产生影响。本课题采用进出口贸易总额/地区生产总值[221,223] 来测度各省份的对外开放程度。

（6）环境规制（ER）。因环境污染存在负外部性，地方政府可能会通过降低环境规制强度与中央政府进行博弈，并纵容企业的污染行为，忽视公众生态环境诉求，进而对生态环境多主体协同治理水平产生较大影响。本课题采用地区环境污染治理投资额/地区生产总值[224] 来测度各省份的环境规制程度。

表 3-4 汇总了本书所有的变量及其测度方式。

表 3-4　变量及其测度方式

名称	符号	单位	测量方式/指标	类型
财政分权	FD		地方财政一般预算内支出/地方财政一般预算内收入	自变量
环境分权	ED		环境分权指数	自变量
财政-环境分权交互作用	FD×ED		财政分权与环境分权的交乘	自变量
生态环境多主体协同治理水平	MCG-GL		见第 3.2.2.2 节	因变量
地方政府环境信息公开	EID		PITI 指数	中介变量
晋升激励	PI		晋升激励指数	调节变量
环境关注度	EPA		环境关注度指数	调节变量
城镇化水平	UL		城镇化率	控制变量
人力资本	HC	年	人均受教育年限	控制变量
经济发展水平	PGDP	元	GDP/人口数量	控制变量

续表

名称	符号	单位	测量方式/指标	类型
产业结构优化	IS		第三产业产值/第二产业产值	控制变量
对外开放程度	OPEN		进出口贸易总额/GDP	控制变量
环境规制	ER		环境污染治理投资额/GDP	控制变量

3.3 描述性统计与相关性分析

表 3-5 呈现了各变量的描述性统计和相关性分析结果。

从表 3-5 中可以看出，除了控制变量人力资本与人均 GDP 之间、人力资本和产业结构之间存在稍高的相关性（相关系数的绝对值大于 0.7），其他变量之间的相关系数绝对值均较小。为进一步确定模型中是否存在多重共线性，本书对数据进行了方差膨胀因子（VIF）检验，发现变量间不存在多重共线性（VIF<10）。此外，生态环境多主体协同治理水平的均值为 0.573，最小值为 0.337，最大值为 1.000，表明该协同治理水平整体略低，存在一定的提升空间。这进一步说明了本研究的必要性。

3.4 本章小结

本章首先基于第 2 章介绍的理论基础提出了本研究的 3 类研究假设，分别为财政-环境分权的直接影响假设、地方政府环境信息公开的中介影响假设、晋升激励与环境关注度的调节影响假设。其次，介绍了本研究的研究设计，包括研究范围、数据来源、变量设计与测度。最后，对所有变量进行了描述性统计及相关性分析，为后文检验财政-环境分权对生态环境多主体协同治理水平的直接影响效应、地方政府环境信息公开在财政-环境分权与生态环境多主体协同治理水平之间的中介影响效应、晋升激励和环境关注度对财政-环境分权与生态环境多主体协同治理水平之间关系的调节影响效应提供基础保障。

表 3-5 描述性统计与相关性分析

变量	平均值	标准差	最小值	最大值	1	2	3	4	5	6	7	8	9	10	11	12	13
MCG-GL	0. 573	0. 148	0. 337	1. 000													
FD	2. 313	1. 022	1. 074	6. 603	-0. 146												
ED	0. 965	0. 348	0. 429	2. 187	-0. 229	0. 148											
FD×ED	1. 206	0. 882	0. 481	4. 948	-0. 013	0. 035	-0. 034										
EID	44. 096	14. 760	12. 700	79. 600	0. 427	0. 403	0. 360	0. 155									
EPA	0. 313	0. 240	0. 004	0. 944	-0. 152	-0. 219	-0. 009	0. 018	-0. 191								
PI	0. 671	0. 071	0. 438	0. 870	0. 018	-0. 162	-0. 124	-0. 000	0. 059	0. 195							
UL	57. 719	12. 366	34. 960	89. 600	0. 515	-0. 549	-0. 229	-0. 243	0. 620	0. 035	0. 064						
HC	9. 199	0. 901	7. 514	12. 681	0. 355	-0. 543	-0. 046	-0. 284	0. 470	0. 060	0. 034	0. 465					
PGDP	5. 530	2. 668	1. 639	16. 421	0. 591	-0. 535	-0. 250	-0. 270	0. 653	0. 024	0. 120	0. 600	0. 778				
IS	1. 214	0. 675	0. 549	5. 169	0. 398	-0. 173	-0. 187	-0. 315	0. 462	0. 004	0. 143	0. 605	0. 724	0. 589			
ER	11. 714	11. 179	0. 207	99. 185	-0. 146	0. 177	0. 314	-0. 003	-0. 316	0. 115	-0. 180	-0. 229	-0. 191	-0. 222	-0. 240		
OPEN	224. 886	387. 564	0. 057	2483. 373	0. 104	-0. 385	-0. 214	-0. 063	0. 221	0. 085	0. 085	0. 456	0. 368	0. 381	0. 111	-0. 124	

注：观测值 N=261，当相关系数大于 0. 122 时，在 5% 的水平上显著。

第 4 章

4 财政-环境分权的直接影响检验

4.1 财政-环境分权直接影响的模型设定

本章的主要内容为检验财政-环境分权对生态环境多主体协同治理水平的直接影响。本书中研究假设（H1a、H1b、H1c）认为，财政-环境分权对生态环境多主体协同治理水平具有非线性（倒 U 形）影响，故设定检验模型如模型（4-1）所示：

$$MCG-GL_{i,t} = \alpha_0 + \alpha_1 X_{i,t} + \alpha_2 X_{i,t}^2 + \alpha_c Z_{i,t} + \mu_i + \delta_t + \varepsilon_{i,t} \quad (4-1)$$

在模型（4-1）中，$MCG\text{-}GL_{i,t}$ 表示省份 i 在时期 t 的生态环境多主体协同治理水平，即为本书的因变量；$X_{i,t}$ 表示省份 i 在时期 t 的财政分权、环境分权及财政-环境分权交互作用，即本书的 3 个自变量；$X_{i,t}^2$ 为自变量的平方项，以检验自变量与因变量之间的非线性关系（倒 U 形）是否成立；$Z_{i,t}$ 表示本书的控制变量，具体见表 3-4。μ_i 表示省份 i 不随时间变化的个体固定效应，δ_t 表示时间固定效应，$\varepsilon_{i,t}$ 为随机扰动项。当 α_2 显著时，说明自变量与因变量之间存在非线性关系（α_2 为正时，两者间关系为 U 形；α_2 为负时，两者间关系为倒 U 形）；当 α_2 不显著而 α_1 显著时，说明自变量与因变量之间存在线性关系。

因本书的数据为中国的 29 个省份，不含缺失值，故相关数据为平衡面板数据，可采用一般的平衡面板数据模型进行分析。使用面板数据进行估计之前，首先要确定计量模型是选择混合 OLS 模型、随机效应模型还是固定效应模型。通过 Breusch-Pagan（BP）检验和 Hausman 检验发现，结果拒绝了“个体不存在随机效应”及“个体效应与解释变量不相关”的原假设，故本书选择固定效应模型进行假设检验。此外，为缓解异方差的干扰[225]，本书对各变量进行了对数处理。

为清晰理解本节的主要内容，此处绘制了图 4-1，以显示财政-环境分权对生态环境多主体协同治理水平直接影响研究的概念框架。

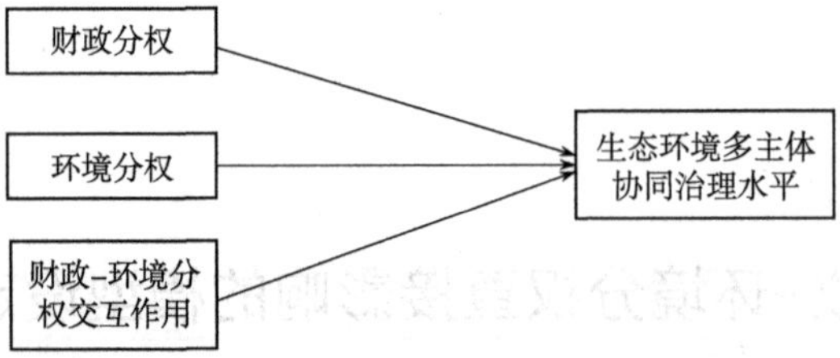

图 4-1　财政-环境分权对生态环境多主体协同治理水平直接影响的概念框架

4.2　财政-环境分权直接影响的实证检验

4.2.1　财政分权的直接影响检验

表 4-1 报告了财政分权对生态环境多主体协同治理水平直接影响的检验结果。其中，模型 1 是仅包含控制变量的基准模型，本节将在后续解释相关结果。模型 2 在模型 1 的基础上加入了财政分权指标，模型 3 进一步考虑了财政分权指标及其平方项。由模型 3 可以看出，财政分权的平方项在研究

期内并不显著（$\alpha_2=-0.013$，$p=0.408>0.1$），即财政分权在研究期内对生态环境多主体协同治理水平不存在倒 U 形的非线性影响，假设 H1a 未得到支持。结合模型 2 的结果可知，财政分权在研究期内对生态环境多主体协同治理水平为显著的负向影响（$\alpha_1=-0.154$，$p=0.000<0.01$）。中国政府近年来已认识到了较高的财政分权程度所带来的负面影响，正在不断上收地方财权，中国的财政分权正呈现出集权的趋势[226]。但有研究表明，中国的财政分权程度仍然较高[227]，且中央政府为上收财权而进行的分税制改革，在一定程度上造成了地方政府财政权责不相匹配的问题[18]，易诱发地方政府为争夺税收来源而消极进行生态环境治理[20]，进而忽视公众的环境诉求且选择性地落实中央政府的环境保护政策，以致对生态环境多主体协同治理水平产生不利影响。因此，有必要进一步优化财政分权体制，以促进生态环境多主体协同治理水平的提升。

表 4-1　财政分权对生态环境多主体协同治理水平直接影响的检验结果

变量	模型 1	模型 2	模型 3
FD		-0.154***	-0.081
		(-3.797)	(-0.837)
FD-squared			-0.013
			(-0.829)
UL	-0.540***	-0.708***	-0.782***
	(-2.615)	(-3.475)	(-3.514)
HC	-0.096	-0.057	-0.032
	(-0.264)	(-0.160)	(-0.092)
PGDP	0.084*	0.221***	0.214***
	(1.819)	(2.709)	(2.606)
IS	0.228***	0.193***	0.202***
	(3.479)	(3.005)	(3.098)
ER	-0.008**	-0.003***	-0.002**
	(-2.549)	(-3.038)	(-2.117)

续表

变量	模型 1	模型 2	模型 3
OPEN	0.008	0.004	0.006
	(0.577)	(0.332)	(0.463)
Constant	2.766**	3.336***	3.517***
	(2.440)	(3.003)	(3.105)
R-squared	0.426	0.462	0.464
Observations	261	261	261
Province Fixed Effect	YES	YES	YES
Year Fixed Effect	YES	YES	YES

注：*** 表示 $p<0.01$，** 表示 $p<0.05$，* 表示 $p<0.1$，括号内为 t 值。

由表 4-1 的模型 1 可以看到控制变量：产业结构优化和经济发展水平能显著促进生态环境多主体协同治理水平的提升，城镇化水平和环境规制不利于生态环境多主体协同治理水平的提升，其余控制变量的回归结果并不显著。首先，产业结构的优化意味着当地经济正转向高质量发展，此时政府和生产主体将更注重环境保护，在此背景下生态环境多主体协同治理水平将得到提升。其次，经济发展水平的提升意味着当地经济的稳定发展，有助于政府将工作重心转向生态环境治理，且其他主体对环境的需求会随着生活质量的提升迅速增长。故此时生态环境多主体协同治理水平将得到提升。再次，本研究的时间范围为中国城镇化水平快速发展的时期。快速的城镇化发展对区域环境容量和质量造成了极大的冲击，导致地方政府对相关环境保护政策执行的难度提升，企业为利用城镇化所带来的人口福利发展效益而对环境保护政策的响应度降低，进而负向影响生态环境多主体协同治理水平。最后，因地方政府可能通过降低环境规制，忽视公众环境诉求，并与中央政府进行博弈，进而将负向影响生态环境多主体协同治理水平。

4.2.2 环境分权的直接影响检验

表 4-2 报告了环境分权对生态环境多主体协同治理水平直接影响的检

验结果。模型 1 仅包含控制变量，相关回归结果与前文基本一致，此处不再赘述。模型 2 在模型 1 的基础上考虑了环境分权指标，模型 3 进一步考虑了环境分权指标及其平方项。由模型 3 可知，环境分权与生态环境多主体协同治理水平之间不存在显著的非线性关系（$\alpha_2=0.049$，$p=0.338>0.1$），假设 H1b 未得到支持。结合模型 2 的结果可知，环境分权对生态环境多主体协同治理水平为显著的负向影响（$\alpha_1=-0.079$，$p=0.061<0.1$）。近年来中国政府已认识到了较大的环境分权程度所带来的负面影响，正不断上收地方政府的环境事务管理权力，环境分权体制呈现出集权的趋势[41]。这可以从中国近些年所实施的重点污染源监控等规定[153]，以及近年来中国相继颁布的严格的环境保护法律法规，如新修订的《中华人民共和国环境保护法》、“水十条”等客观事实中得到佐证[228]。然而，本书的研究结果说明，当前的环境分权对生态环境多主体协同治理水平仍具有较大的负面影响，故有必要进一步优化环境分权体制，以促进生态环境多主体协同治理水平的提升。

表 4-2 环境分权对生态环境多主体协同治理水平直接影响的检验结果

变量	模型 1	模型 2	模型 3
ED		−0.079 *	−0.202
		(−1.885)	(−1.497)
ED-squared			0.049
			(0.961)
UL	−0.540 ***	−0.474 **	−0.447 **
	(−2.615)	(−2.291)	(−2.144)
HC	−0.096	−0.025	−0.022
	(−0.264)	(−0.070)	(−0.062)
PGDP	0.084 *	0.109 **	0.115 **
	(1.719)	(2.130)	(2.102)

续表

变量	模型 1	模型 2	模型 3
IS	0. 228***	0. 237***	0. 235***
	(3. 479)	(3. 630)	(3. 601)
ER	-0. 008**	-0. 013**	-0. 014**
	(-2. 549)	(-1. 978)	(-2. 075)
OPEN	0. 008	0. 008	0. 010
	(0. 577)	(0. 573)	(0. 689)
Constant	2. 766**	2. 410**	2. 353**
	(2. 440)	(2. 108)	(2. 056)
R-squared	0. 426	0. 436	0. 438
Observations	261	261	261
Province Fixed Effect	YES	YES	YES
Year Fixed Effect	YES	YES	YES

注：*** 表示 $p<0.01$，** 表示 $p<0.05$，* 表示 $p<0.1$，括号内为 t 值。

4. 2. 3 财政-环境分权交互作用的直接影响检验

表 4-3 报告了财政-环境分权交互作用对生态环境多主体协同治理水平直接影响的估计结果。模型 1 只考虑了控制变量，相关结果与前文基本一致，此处不再赘述。模型 2 在模型 1 的基础上纳入了财政-环境分权交互作用指标，模型 3 进一步考虑了财政-环境分权交互作用指标及其平方项。由模型 3 可知，财政-环境分权交互作用与生态环境多主体协同治理水平之间不存在显著的非线性关系（$\alpha_2=0.049$，$p=0.593>0.1$），假设 H1c 未得到支持。结合模型 2 的结果可知，财政-环境分权交互作用对生态环境多主体协同治理水平存在显著的负面影响（$\alpha_1=-0.046$，$p=0.006<0.01$）。根据第 4. 2. 1 节和第 4. 2. 2 节的分析，本书的研究结果说明，有必要进一步优化财政-环境分权体制，以促进生态环境多主体协同治理水平的提升。

表 4-3　财政-环境分权对生态环境多主体协同治理水平直接影响的检验结果

变量	模型 1	模型 2	模型 3
FD×ED		-0.046***	-0.077
		(-2.775)	(-1.294)
(FD×ED)-squared			0.005
			(0.535)
UL	-0.540***	-0.493**	-0.489**
	(-2.615)	(-2.432)	(-2.409)
HC	-0.096	-0.067	-0.042
	(-0.264)	(-0.188)	(-0.117)
PGDP	0.084*	0.150*	0.159**
	(1.812)	(1.721)	(1.989)
IS	0.228***	0.229***	0.227***
	(3.479)	(3.548)	(3.522)
ER	-0.008**	-0.010***	-0.011*
	(-2.549)	(-3.774)	(-1.851)
OPEN	0.008	0.007	0.006
	(0.577)	(0.493)	(0.445)
Constant	2.766**	2.497**	2.443**
	(2.440)	(2.227)	(2.167)
R-squared	0.426	0.446	0.447
Observations	261	261	261
Province Fixed Effect	YES	YES	YES
Year Fixed Effect	YES	YES	YES

注：*** 表示 $p<0.01$，** 表示 $p<0.05$，* 表示 $p<0.1$，括号内为 t 值。

4.3 财政-环境分权直接影响的稳健性检验

为保证上述检验结果的稳健性，本节综合采用了替换自变量法、变换模型估计法及滞后自变量法3种稳健性检验方法。其中，替换自变量法和变换模型估计法是稳健性检验中的常用方法，可在各类权威文献中寻得踪迹，此处不过多解释。滞后自变量法是为了缓解由遗漏变量和测量误差所造成的内生性问题，进而起到检验稳健性的作用[229]。该方法的原理是：因滞后的自变量已经发生，因变量不会对其产生影响，从而缓解了相关检验中可能存在的内生性问题[230]。

4.3.1 财政分权直接影响的稳健性检验

对于替换自变量法，本书用省级人均财政收入与中央人均财政收入的比值[231]，作为财政分权的替代指标进行稳健性检验；对于变换模型估计法，考虑到本书的因变量（生态环境多主体协同治理水平）为0到1之间的截断数据，故采用面板Tobit模型[232-233]对研究假设进行再检验；对于滞后自变量法，本书将自变量和控制变量相对因变量滞后一期纳入模型[230, 234]进行检验。

表4-4给出的3种稳健性检验结果均表明，财政分权对生态环境多主体协同治理水平不存在显著的非线性影响，均为显著的负面影响，表明前文结果是稳健的。

表4-4 财政分权对生态环境多主体协同治理水平影响的稳健性检验

变量	替换自变量法		变换模型估计法		滞后自变量法	
FD	-0.027**	-0.118	-0.086***	-0.055	-0.141***	0.005
	(-2.364)	(-1.124)	(-3.453)	(-0.784)	(-2.996)	(0.048)

续表

变量	替换自变量法		变换模型估计法		滞后自变量法	
FD-squared		0.041		-0.006		-0.025
		(0.949)		(-0.480)		(-1.481)
UL	-0.507**	-0.455**	-0.253	-0.291	-0.821***	-1.008***
	(-2.393)	(-2.080)	(-1.433)	(-1.502)	(-3.283)	(-3.608)
HC	-0.110	-0.133	0.270	0.290	-0.136	-0.063
	(-0.302)	(-0.363)	(0.986)	(1.046)	(-0.360)	(-0.166)
PGDP	0.083**	0.079**	0.180***	0.181***	0.241**	0.220**
	(2.099)	(2.042)	(3.341)	(3.350)	(2.527)	(2.277)
IS	0.226***	0.220***	0.192***	0.201***	0.228***	0.232***
	(3.456)	(3.335)	(4.953)	(4.724)	(3.222)	(3.286)
ER	-0.009*	-0.009*	-0.003	-0.003	-0.008***	-0.005**
	(-1.726)	(-1.711)	(-0.305)	(-0.260)	(-2.609)	(-2.395)
OPEN	0.008	0.011	-0.000	-0.000	0.004	0.008
	(0.569)	(0.749)	(-0.024)	(-0.002)	(0.273)	(0.520)
Constant	2.697**	2.571**	0.789	0.873	3.905***	4.378***
	(2.364)	(2.238)	(1.056)	(1.136)	(3.045)	(3.323)
sigma_u			0.112***	0.113***		
			(6.127)	(6.120)		
sigma_e			0.084***	0.084***		
			(21.068)	(21.061)		
R-squared	0.428	0.430			0.449	0.455
Observations	261	261	261	261	232	232
Province Fixed Effect	YES	YES			YES	YES
Year Fixed Effect	YES	YES			YES	YES

注：***表示 $p<0.01$，**表示 $p<0.05$，*表示 $p<0.1$，括号内为 t 值。

4.3.2 环境分权直接影响的稳健性检验

对于替换自变量法，本书参考邹璇等[223]、陆远权和张德钢[235]的计算方法，在不考虑经济缩减因子的情况下对环境分权（ED）进行稳健性检验；对于变换模型估计法和滞后自变量法的稳健性检验同第 4.3.1 节，此处不再赘述。

上述 3 种稳健性检验的估计结果见表 4-5。结果表明，3 种稳健性检验下环境分权对生态环境多主体协同治理水平均为显著的负面影响，表明了前文结果的稳健性。

表 4-5 环境分权对生态环境多主体协同治理水平影响的稳健性检验

变量	替换自变量法		变换模型估计法		滞后自变量法	
ED	-0.475**	-0.953	-0.369***	-0.425	-0.470*	0.331
	(-2.003)	(-1.504)	(-3.192)	(-0.956)	(-1.744)	(0.474)
ED-squared		0.390		0.048		-0.650
		(0.814)		(0.129)		(-1.242)
UL	-0.385*	-0.460*	-0.103	-0.114	-0.399	-0.300
	(-1.768)	(-1.945)	(-0.577)	(-0.576)	(-1.508)	(-1.087)
HC	-0.076	-0.046	0.039	0.048	-0.168	-0.166
	(-0.209)	(-0.128)	(0.152)	(0.179)	(-0.438)	(-0.435)
PGDP	0.107	0.123	0.132**	0.135**	0.111	0.084
	(1.411)	(1.569)	(2.505)	(2.359)	(1.361)	(0.990)
IS	0.222***	0.206***	0.166***	0.166***	0.235***	0.252***
	(3.412)	(3.026)	(4.074)	(4.039)	(3.259)	(3.438)
ER	-0.005**	-0.004**	-0.004***	-0.004**	-0.008*	-0.008*
	(-2.369)	(-2.301)	(-3.344)	(-2.342)	(-1.675)	(-1.682)

续表

变量	替换自变量法		变换模型估计法		滞后自变量法	
OPEN	0.005	0.003	0.007	0.007	0.005	0.009
	(0.330)	(0.184)	(0.661)	(0.673)	(0.324)	(0.542)
Constant	2.336**	2.679**	0.823	0.857	2.559*	1.976
	(2.037)	(2.191)	(1.161)	(1.131)	(1.940)	(1.413)
sigma_u			0.100***	0.100***		
			(6.332)	(6.216)		
sigma_e			0.086***	0.086***		
			(21.237)	(21.176)		
R-squared	0.437	0.439			0.432	0.436
Observations	261	261	261	261	232	232
Province Fixed Effect	YES	YES			YES	YES
Year Fixed Effect	YES	YES			YES	YES

注：*** 表示 $p<0.01$，** 表示 $p<0.05$，* 表示 $p<0.1$，括号内为 t 值。

4.3.3　财政-环境分权交互作用直接影响的稳健性检验

对于替换自变量法，此处基于第 4.3.1 节和第 4.3.2 节对财政分权和环境分权的替换指标，构建出二者的交互作用指标（FD×ED）来进行相应的稳健性检验；对于变换模型估计法和滞后自变量法的稳健性检验同第 4.3.1 节，此处不再赘述。

上述 3 种稳健性检验的结果见表 4-6。结果表明，财政-环境交互作用对生态环境多主体协同治理水平均为显著的负面影响，表明前文结果是稳健的。

表 4-6 财政-环境分权交互作用对生态环境多主体协同治理水平影响的稳健性检验

变量	替换自变量法		变换模型估计法		滞后自变量法	
FD×ED	-0.153***	-0.104	-0.042***	-0.073	-0.165***	-0.080
	(-3.703)	(-1.092)	(-2.859)	(-1.468)	(-3.535)	(-0.729)
(FD×ED) -squared		-0.010		0.006		-0.016
		(-0.572)		(0.645)		(-0.850)
UL	-0.544***	-0.574***	-0.232	-0.227	-0.670***	-0.737***
	(-2.733)	(-2.786)	(-1.329)	(-1.302)	(-2.832)	(-2.954)
HC	-0.117	-0.113	0.102	0.138	-0.139	-0.116
	(-0.332)	(-0.319)	(0.382)	(0.506)	(-0.372)	(-0.309)
PGDP	0.173**	0.166**	0.160***	0.165***	0.214**	0.193**
	(2.245)	(2.128)	(3.011)	(3.072)	(2.470)	(2.153)
IS	0.213***	0.216***	0.181***	0.176***	0.235***	0.234***
	(3.337)	(3.374)	(4.424)	(4.217)	(3.337)	(3.321)
ER	-0.001*	-0.002**	-0.004**	-0.004**	-0.004**	-0.002**
	(-1.850)	(-2.150)	(-2.329)	(-2.320)	(-2.321)	(-2.128)
OPEN	0.006	0.007	-0.005	-0.005	0.005	0.007
	(0.462)	(0.538)	(-0.530)	(-0.549)	(0.359)	(0.480)
Constant	2.816**	2.902***	1.084	1.004	3.298***	3.483***
	(2.555)	(2.605)	(1.481)	(1.347)	(2.646)	(2.750)
sigma_u			0.113***	0.114***		
			(6.439)	(6.384)		
sigma_e			0.085***	0.085***		
			(21.232)	(21.201)		
R-squared	0.461	0.461			0.458	0.460
Observations	261	261	261	261	232	232
Province Fixed Effect	YES	YES			YES	YES
Year Fixed Effect	YES	YES			YES	YES

注：*** 表示 $p<0.01$，** 表示 $p<0.05$，* 表示 $p<0.1$，括号内为 t 值。

表 4-7 总结了上述 3 种稳健性检验的结果。可以看出，3 种稳健性检验

下的结果基本佐证了前文实证结果的稳健性。

表 4-7　稳健性检验结果汇总

研究假设	替换自变量法	变换模型估计法	滞后自变量法
假设 H1a	稳健	稳健	稳健
假设 H1b	稳健	稳健	稳健
假设 H1c	稳健	稳健	稳健

4.4　本章小结

本章首先依据研究假设设定了相关的检验模型，然后分别检验了财政分权、环境分权、财政-环境分权交互作用对生态环境多主体协同治理水平的直接影响效应，并通过 3 种方法对相应结果进行了稳健性检验。研究结果显示，在研究期内，财政分权、环境分权、财政-环境分权交互作用对生态环境多主体协同治理水平均具有显著的负面影响。本章对相应的研究结果进行了解释。本章的研究结论为通过有针对性地优化中国的财政-环境分权体制为提升中国生态环境多主体协同治理水平提供了理论参考，有助于更好地指导中国生态环境多主体协同治理实践。

第 5 章

5 地方政府环境信息公开的中介影响检验

5.1 地方政府环境信息公开中介影响的模型设定

中介影响研究是管理学科中的一个非常重要的研究内容。分析和揭示自变量与因变量之间的中介影响效应，有助于研究者理解两者之间的关系，以及这种关系之间的内在作用机制[236]。

本章的主要内容是检验：地方政府环境信息公开在财政-环境分权与生态环境多主体协同治理水平之间发挥的中介影响效应（假设 H2a、假设 H2b、假设 H2c），故需要首先对地方政府环境信息公开中介影响的检验模型进行设定。第 4 章已验证出财政-环境分权对生态环境多主体协同治理水平不存在非线性影响，且均为显著的负向影响。故本章承接第 4 章的研究结果，并参照已有研究经验[237]，设定相关的中介影响检验模型如模型（5-1）~模型（5-3）所示：

$$MCG-GL_{i,t}=c_0+c_1X_{i,t}+c_rZ_{i,t}+\mu_i+\delta_t+\varepsilon_{i,t} \quad (5-1)$$

$$EID_{i,t}=\alpha_0+\alpha_1X_{i,t}+\alpha_rZ_{i,t}+\mu_i+\delta_t+\varepsilon_{i,t} \quad (5-2)$$

$$MCG-GL_{i,t}=\alpha_0+c_1^sc_1X_{i,t}+b_1EID_{i,t}+b_cZ_{i,t}+\mu_i+\delta_t+\varepsilon_{i,t} \quad (5-3)$$

其中，模型（5-1）是用来检验自变量（财政分权 FD、环境分权 ED、财政-环境分权交互作用 FD×ED）对因变量（生态环境多主体协同治理水平 MCG-GL）的线性影响。该模型中相关变量的含义与第 4.1 节一致，此处不再赘述；模型（5-2）是用来检验自变量对中介变量（地方政府环境信息公开：EID）的线性影响；模型（5-3）是将自变量和中介变量一同纳入模型，以探究两者对因变量的线性影响。当 α_1、b_1 和c_1^s 显著时，说明地方政府环境信息公开在自变量和因变量之间发挥中介影响效应；反之，则不具有中介影响效应。

上述检验方法是目前学术界在检验中介影响效应时普遍使用的三步法[238]。然而，有学者指出满足上述条件虽可证明中介影响效应的存在，但不满足上述条件并不能保证中介影响效应不存在[239-240]。为解决上述问题，已有研究增加了 Sobel 法和 Bootstrap 法，对三步法进行补充检验[241]，即当中介变量不满足三步法检验，但满足 Sobel 法或 Bootstrap 法检验时，也可认为中介效应是存在的。因此，在本书后续的中介影响检验过程中，将首先运用三步法对地方政府环境信息公开的中介影响进行检验。若三步法不成立，将通过 Sobel 法和 Bootstrap 法进行补充检验。此种处理方式可使对地方政府环境信息公开的中介影响检验更加完整。

为更清晰地理解本节的研究内容，图 5-1 显示了地方政府环境信息公开在财政-环境分权与生态环境多主体协同治理水平之间发挥中介影响的概念框架。

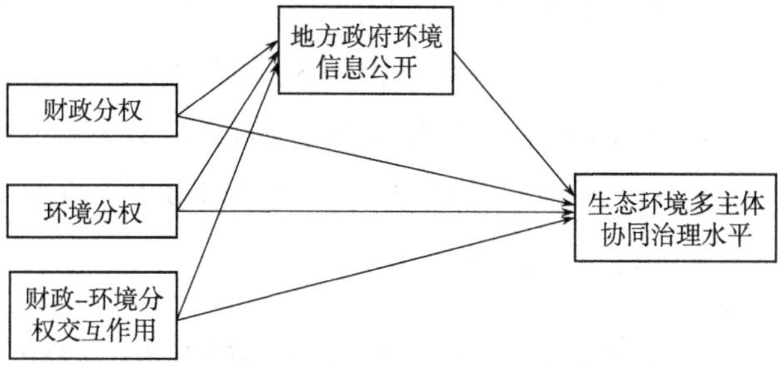

图 5-1　地方政府环境信息公开中介影响的概念框架

5.2　地方政府环境信息公开中介影响的实证检验

5.2.1　财政分权下的中介影响检验

本节将具体检验地方政府环境信息公开在财政分权与生态环境多主体协同治理水平之间发挥的中介影响，相关概念框架如图 5-2 所示。

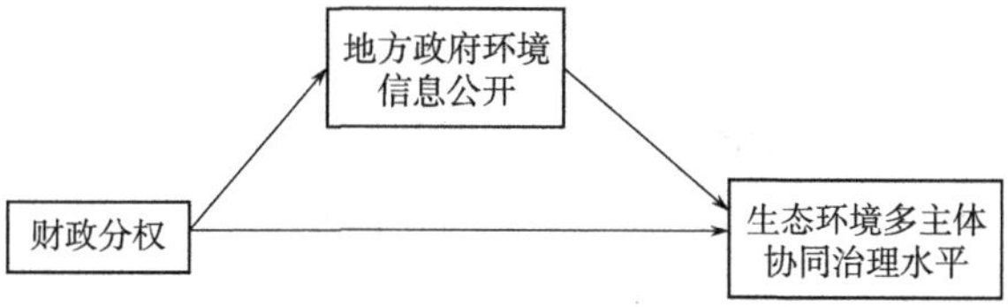

图 5-2　财政分权下地方政府环境信息公开中介影响研究的概念框架

根据第 5.1 节所述的三步法，相关检验将通过以下三个步骤完成。

第一步，检验财政分权对生态环境多主体协同治理水平的总效应，检验结果见表 5-1 的模型 1。结果显示，财政分权对生态环境多主体协同治理水平具有显著的负向影响（$c_1 = -0.154$，$p = 0.000 < 0.01$）。该结果与第 4.2.1 节的检验结果一致。

第二步，检验财政分权对地方政府环境信息公开的直接影响效应，检验结果见表 5-1 的模型 2。结果显示，财政分权与地方政府环境信息公开之间的关系并不显著（$\alpha_1 = 0.362$，$p = 0.910 > 0.1$）。

第三步，检验财政分权和地方政府环境信息公开对生态环境多主体协同治理水平的影响效应，结果见表5-1的模型3。可以看出，模型3中财政分权对生态环境多主体协同治理水平仍存在显著的负面影响（$c_1^s=-0.155$，$p=0.000<0.01$），但地方政府环境信息公开对生态环境多主体协同治理水平的影响并不显著（$b_1=0.001$，$p=0.132>0.1$）。

表5-1　基于三步法的财政分权下地方政府环境信息公开中介影响的检验结果

变量	模型1（MCG-GL）	模型2（EID）	模型3（MCG-GL）
FD	-0.154***	0.362	-0.155***
	(-3.797)	(0.114)	(-3.819)
EID			0.001
			(1.512)
UL	-0.708***	63.930***	-0.791***
	(-3.475)	(4.006)	(-3.760)
HC	-0.057	-1.748	-0.054
	(-0.160)	(-0.063)	(-0.154)
PGDP	0.221***	-15.974**	0.242***
	(2.709)	(-2.502)	(2.932)
IS	0.193***	-4.985	0.199***
	(3.005)	(-0.992)	(3.109)
ER	-0.003***	1.166	-0.001**
	(-3.038)	(1.167)	(-2.081)
OPEN	0.004	-1.738	0.007
	(0.332)	(-1.648)	(0.499)
Constant	3.336***	-183.583**	3.576***
	(3.003)	(-2.110)	(3.196)
R-squared	0.462	0.664	0.468
Observations	261	261	261
Province Fixed Effect	YES	YES	YES
Year Fixed Effect	YES	YES	YES

注：***表示$p<0.01$，**表示$p<0.05$，*表示$p<0.1$，括号内为t值。

在上述三步法的验证过程中，本书分别验证了财政分权对生态环境多主体协同治理水平的总效应具有显著的负面影响，财政分权对地方政府环境信息公开的直接影响不显著，地方政府环境信息公开对生态环境多主体协同治理水平的影响不显著。该检验结果说明财政分权无法通过地方政府环境信息公开影响生态环境多主体协同治理水平。

虽然上述的三步法检验结果表明，地方政府环境信息公开在财政分权与生态环境多主体协同治理水平之间不存在显著的中介影响，但正如前文所述，不满足三步法检验并不能保证中介影响效应不存在[240]。因此，本书进一步采取 Sobel 法和 Bootstrap 法（迭代 1000 次）对财政分权下地方政府环境信息公开的中介影响效应进行补充检验，相关检验结果分别见表 5-2 和表 5-3。

由表 5-2 可知，直接效应显著（Direct effect = -0.155，$p = 0.000 < 0.01$），但间接效应不显著（Indirect effect = 0.000，$p = 0.910 > 0.1$）；由表 5-3 的 95% 置信区间可知，间接效应包含 0 值，且相应的 p 值大于 0.1，表明间接效应不显著。综上，Sobel 法和 Bootstrap 法再次验证了地方政府环境信息公开在财政分权与生态环境多主体协同治理水平之间不存在中介影响效应，假设 H2a 未得到支持。结合上述三步法的第二步检验结果可知，财政分权在研究期内对地方政府环境信息公开不存在显著影响。本书由此推测，因地方政府环境信息公开平台经十余年发展已在全国普及，各地均已投资建设了较为完备的环境信息公开平台，故当前地方政府公开环境信息对财政收支权力的依赖较少，因此未造成地方政府在财政分权下通过环境信息公开而引发的相应结果，进而未对生态环境多主体协同治理水平产生影响。

表 5-2　基于 Sobel 法的财政分权下地方政府环境信息公开中介影响的检验结果

变量	系数	标准误	z 值	p 值
α_1	0.362	3.187	0.114	0.909
b_1	0.001	0.001	1.152	0.131
Indirect effect	0.000	0.004	0.113	0.910

续表

变量	系数	标准误	z 值	p 值
Direct effect	-0. 155	0. 041	-3. 819	0. 000
Total effect	-0. 154	0. 041	-3. 797	0. 000

表 5-3 基于 Bootstrap 法的财政分权下地方政府环境信息公开中介影响的检验结果

变量	系数	标准误	p 值	95%置信区间	
Indirect effect	0. 000	0. 005	0. 928	-0. 010	0. 011
Direct effect	-0. 155	0. 052	0. 003	-0. 258	-0. 052

5. 2. 2 环境分权下的中介影响检验

本节将具体检验地方政府环境信息公开在环境分权与生态环境多主体协同治理水平之间发挥的中介影响，相关概念框架如图 5-3 所示。

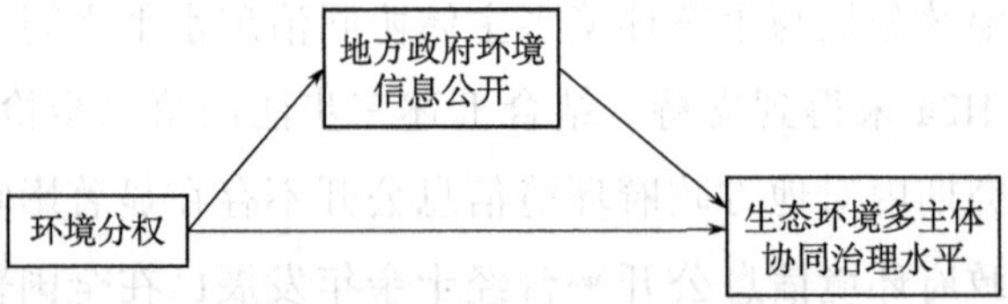

图 5-3 环境分权下地方政府环境信息公开中介影响研究的概念框架

根据第 5. 1 节所述的三步法可知，相关检验将通过以下三个步骤完成。

第一步，检验环境分权对生态环境多主体协同治理水平的总效应，检验结果见表 5-4 的模型 1。结果表明，环境分权对生态环境多主体协同治理水平具有显著的负向影响（$c_1=-0.079$，$p=0.061<0.1$），该结果与第 4. 2. 2 节的结论一致。

第二步，检验环境分权对地方政府环境信息公开的直接影响效应，检验结果见表 5-4 的模型 2。结果表明，环境分权对地方政府环境信息公开具有显著的正向影响（$\alpha_1=0.309$，$p=0.041<0.1$）。

第三步，检验环境分权和地方政府环境信息公开对生态环境多主体协同治理水平的影响，检验结果见表 5-4 的模型 3。结果显示，模型 3 中环境分权对生态环境多主体协同治理水平的影响仍具有显著的负向影响（$c_1^s=-0.080$，$p=0.080<0.1$），地方政府环境信息公开对生态环境多主体协同治理水平存在显著的正向影响（$b_1=0.004$，$p=0.032<0.1$）。

表 5-4 基于三步法的环境分权下地方政府环境信息公开中介影响的检验结果

变量	模型 1（MCG-GL）	模型 2（EID）	模型 3（MCG-GL）
ED	-0.079*	0.309**	-0.080*
	(-1.885)	(2.357)	(-1.926)
EID			0.004**
			(1.983)
UL	-0.474**	62.578***	-0.556***
	(-2.291)	(3.960)	(-2.607)
HC	-0.025	-2.678	-0.022
	(-0.070)	(-0.096)	(-0.060)
PGDP	0.109**	-16.007***	0.130*
	(2.130)	(-2.753)	(1.684)
IS	0.237***	-5.199	0.244***
	(3.630)	(-1.043)	(3.736)
ER	-0.013**	1.250	-0.014**
	(-1.978)	(1.253)	(-2.104)
OPEN	0.008	-1.745*	0.010
	(0.573)	(-1.659)	(0.738)
Constant	2.410**	-177.082**	2.644**
	(2.108)	(-2.026)	(2.298)
R-squared	0.436	0.664	0.441
Observations	261	261	261
Province Fixed Effect	YES	YES	YES
Year Fixed Effect	YES	YES	YES

注：*** 表示 $p<0.01$，** 表示 $p<0.05$，* 表示 $p<0.1$，括号内为 t 值。

在上述三步法的验证过程中，本书分别验证了环境分权对生态环境多主体协同治理水平的总效应为显著的负向影响，环境分权对地方政府环境信息公开具有显著的正向影响，地方政府环境信息公开对生态环境多主体协同治理水平具有显著的正向影响。上述检验结果说明，地方政府环境信息公开在环境分权与生态环境多主体协同治理水平之间具有显著的中介影响效应。因环境分权对生态环境多主体协同治理水平的影响为线性（非倒U形），故本节的检验结果部分支持了假设 H2b。需要提及的是，根据温忠麟和叶宝娟[239] 的研究经验，若三步法已验证了中介影响的存在，则已足够支持所需结果，故此处未再运用 Sobel 法和 Bootstrap 法进行重复检验。

进一步地，根据相关研究经验[239, 242]，若c_1^s 和 $\alpha_1 \times b_1$ 的符号是一致的，则说明中介变量进一步强化了主效应；而若c_1^s 和 $\alpha_1 \times b_1$ 的符号是相反的，则说明中介变量弱化了主效应，呈现出“遮掩效应”。表 5-4 模型 2 和模型 3 的结果显示，c_1^s 和 $\alpha_1 \times b_1$ 的符号相反，说明地方政府环境信息公开在环境分权与生态环境多主体协同治理水平之间发挥了遮掩效应，即地方政府环境信息公开在环境分权影响生态环境多主体协同治理水平的过程中可削弱环境分权对生态环境多主体协同治理水平的负面影响。究其原因，地方政府依赖环境分权体制下的相关环境事务管理权力所开展的环境信息公开服务，会在一定程度上增加地方政府生态环境治理工作的透明度[197]，增强其他主体对地方政府生态环境治理行为的监管[57]，进而可缓解环境分权在影响生态环境多主体协同治理水平过程中的负面效应（如减缓地方政府利用手中的环境事务管理权力与中央政府博弈、忽视公众环境诉求等不当行为）。该结论也与当前中央政府正不断强调地方政府需积极开展环境信息公开服务，并不断完善地方政府环境信息公开的立法工作，以强化其他主体对地方政府生态环境治理行为的监管，缓解环境分权体制弊端的事实相符。

5.2.3 财政-环境分权交互作用下的中介影响检验

本节将具体检验地方政府环境信息公开在财政-环境分权交互作用与生态

环境多主体协同治理水平之间发挥的中介影响，相关概念框架如图 5-4 所示。

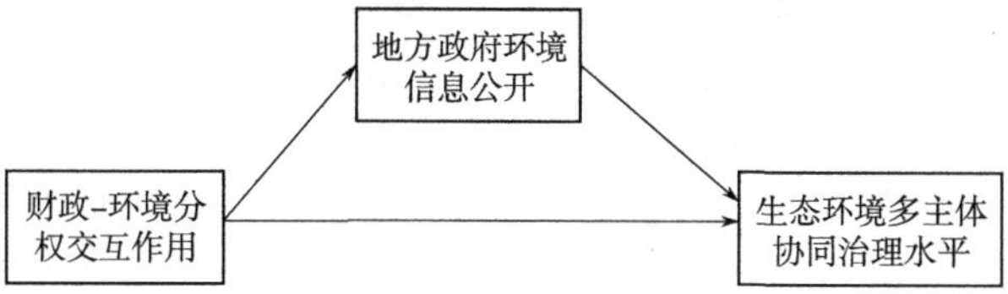

图 5-4　财政-环境分权交互作用下地方政府环境信息公开中介影响研究的概念框架

根据第 5.1 节所述的三步法可知，相关检验将通过以下三个步骤完成。

第一步，检验财政-环境分权交互作用对生态环境多主体协同治理水平的总效应，检验结果见表 5-5 的模型 1。结果表明，财政-环境分权交互作用对生态环境多主体协同治理水平具有显著的负向影响（$c_1=-0.046$，$p=0.006<0.01$），该结果与第 4.2.3 节的结论一致。

第二步，检验财政-环境分权交互作用对地方政府环境信息公开的直接影响效应，检验结果见表 5-5 的模型 2。结果表明，财政-环境分权交互作用对地方政府环境信息公开的影响并不显著（$\alpha_1=0.293$，$p=0.820>0.1$）。

第三步，检验财政-环境分权交互作用和地方政府环境信息公开对生态环境多主体协同治理水平的影响，检验结果见表 5-5 的模型 3。结果显示，模型 3 中财政-环境分权交互作用对生态环境多主体协同治理水平仍存在显著的负向影响（$c_1^s=-0.047$，$p=0.005<0.01$），但地方政府环境信息公开对生态环境多主体协同治理水平的影响不显著（$b_1=0.001$，$p=0.134>0.1$）。

表 5-5　基于三步法的财政-环境分权交互作用下地方政府环境信息公开中介影响的检验结果

变量	模型 1（MCG-GL）	模型 2（EID）	模型 3（MCG-GL）
FD×ED	-0.046***	0.293	-0.047***
	(-2.775)	(0.228)	(-2.806)
EID			0.001
			(1.504)

续表

变量	模型 1（MCG-GL）	模型 2（EID）	模型 3（MCG-GL）
UL	-0.493**	63.237***	-0.576***
	(-2.432)	(4.046)	(-2.751)
HC	-0.067	-1.837	-0.065
	(-0.188)	(-0.066)	(-0.182)
PGDP	0.150*	-16.067***	0.171**
	(1.721)	(-2.673)	(2.164)
IS	0.229***	-5.073	0.235***
	(3.548)	(-1.020)	(3.653)
ER	-0.010***	1.196	-0.011*
	(-3.774)	(1.217)	(-1.897)
OPEN	0.007	-1.738	0.009
	(0.493)	(-1.651)	(0.659)
Constant	2.497**	-180.541**	2.735**
	(2.227)	(-2.086)	(2.423)
R-squared	0.446	0.664	0.452
Observations	261	261	261
Province Fixed Effect	YES	YES	YES
Year Fixed Effect	YES	YES	YES

注：***表示 $p<0.01$，**表示 $p<0.05$，*表示 $p<0.1$，括号内为 t 值。

在上述三步法的验证过程中，本书分别验证了财政-环境分权交互作用对生态环境多主体协同治理水平的总效应具有显著的负向影响，财政-环境分权交互作用对地方政府环境信息公开的影响不显著，地方政府环境信息公开对生态环境多主体协同治理水平的影响不显著。上述检验结果证明财政-环境分权交互作用无法通过地方政府环境信息公开影响生态环境多主体协同治理水平。

类似地，虽然上述的三步法检验结果表明，地方政府环境信息公开在财政-环境分权交互作用与生态环境多主体协同治理水平之间不存在显著的中介影响，但为了保证检验结果的准确性，本书进一步采取 Sobel 法和 Bootstrap 法（迭代 1000 次）对财政-环境分权交互作用下地方政府环境信息公开的中介影响效应进行补充检验，相关检验结果见表 5-6 和表 5-7。

由表 5-6 可知，直接效应显著（Direct effect = -0.047，$p = 0.005 < 0.01$），但间接效应不显著（Indirect effect = 0.000，$p = 0.822 > 0.1$）；由表 5-7 的 95%置信区间可知，间接效应包含 0 值，且相应的 p 值大于 0.1，表明间接效应不显著。综上，Sobel 法和 Bootstrap 法再一次验证了地方政府环境信息公开在财政-环境分权交互作用与生态环境多主体协同治理水平之间不存在中介影响，假设 H2c 未能得到支持。本书结合上述三步法的第二步检验结果及第 5.2.1 节的结果分析推测，因在研究期内，地方政府开展环境信息公开工作对财政分权的依赖性不大，故对财政-环境分权交互作用（即财政-环境分权的关联性）的依赖性相应较小，因此未造成地方政府在财政-环境分权下通过环境信息公开而引发的相应结果，进而未能对生态环境多主体协同治理水平产生影响。

表 5-6　基于 Sobel 法的财政-环境分权交互作用下地方政府环境信息公开中介影响检验结果

变量	系数	标准误	z 值	p 值
α_1	0.293	1.288	0.228	0.820
b_1	0.001	0.001	1.504	0.133
Indirect effect	0.000	0.002	0.225	0.822
Direct effect	-0.047	0.017	-2.806	0.005
Total effect	-0.046	0.017	-2.775	0.006

表 5-7　基于 Bootstrap 法的财政-环境分权交互作用下地方政府环境信息公开中介影响检验结果

变量	系数	标准误	p 值	95%置信区间	
Indirect effect	0.000	0.001	0.810	-0.002	0.004
Direct effect	-0.047	0.018	0.011	-0.083	-0.011

5.3 地方政府环境信息公开中介影响的稳健性检验

类似第4.3节，为保证检验结果的稳健性，本节综合采用了替换自变量法、变换模型估计法和滞后自变量法3种稳健性检验方法。3种方法的前人研究经验、含义及处理方式均同第4.3节，下文不再赘述。相关稳健性检验结果和分析如下。

5.3.1 财政分权下中介影响的稳健性检验

表5-8显示了地方政府环境信息公开在财政分权与生态环境多主体协同治理水平之间发挥中介影响的3种稳健性检验结果。其中，替换自变量法的结果显示：财政分权对地方政府环境信息公开为显著的正向影响（$\alpha_1 = 0.371$，$p=0.003<0.01$），而财政分权对生态环境多主体协同治理水平的影响，以及地方政府环境信息公开对生态环境多主体协同治理水平的影响均不显著；变换模型估计法和滞后自变量法的结果显示：财政分权对生态环境多主体协同治理水平的影响为显著负向（估计结果分别为$c_1^s=-0.085$，$p=0.001<0.01$；$c_1^s=-0.143$，$p=0.003<0.01$），而财政分权对地方政府环境信息公开的影响，以及地方政府环境信息公开对生态环境多主体协同治理水平的影响均不显著。总的来说，3种稳健性检验结果均表明地方政府环境信息公开无法在财政分权与生态环境多主体协同治理水平之间发挥中介影响，说明了前文的研究结果是稳健的。

表5-8　财政分权下地方政府环境信息公开中介影响的稳健性检验结果

变量	替换自变量法		变换模型估计法		滞后自变量法	
	EID	MCG-GL	EID	MCG-GL	EID	MCG-GL
FD	0.371***	-0.040	-2.294	-0.085***	1.852	-0.143***
	(2.974)	(-0.939)	(-1.114)	(-3.406)	(0.530)	(-3.050)

续表

变量	替换自变量法		变换模型估计法		滞后自变量法	
	EID	MCG-GL	EID	MCG-GL	EID	MCG-GL
EID		0. 001		0. 000		0. 001
		(1. 595)		(0. 317)		(1. 297)
UL	51. 984***	-0. 582***	42. 672**	-0. 267	55. 368***	-0. 891***
	(3. 300)	(-2. 692)	(2. 559)	(-1. 464)	(2. 986)	(-3. 490)
HC	3. 275	-0. 115	-32. 796	0. 268	-2. 190	-0. 133
	(0. 121)	(-0. 316)	(-1. 233)	(0. 980)	(-0. 078)	(-0. 354)
PGDP	-15. 191***	0. 105	5. 460	0. 181***	-15. 197**	0. 261***
	(-2. 703)	(1. 373)	(0. 994)	(3. 346)	(-2. 144)	(2. 701)
IS	-4. 676	0. 233***	8. 569**	0. 192***	-2. 664	0. 232***
	(-0. 959)	(3. 565)	(2. 319)	(4. 925)	(-0. 506)	(3. 274)
ER	1. 566	-0. 012*	-2. 246**	-0. 004	0. 747	-0. 009*
	(1. 612)	(-1. 898)	(-2. 113)	(-0. 337)	(0. 737)	(-1. 679)
OPEN	-1. 713*	0. 010	0. 466	0. 000	-0. 877	0. 005
	(-1. 661)	(0. 747)	(0. 557)	(0. 005)	(-0. 775)	(0. 346)
Constant	-157. 817*	2. 925**	-59. 231	0. 837	-151. 161	4. 097***
	(-1. 859)	(2. 553)	(-0. 725)	(1. 094)	(-1. 589)	(3. 180)
sigma_u			5. 911***	0. 113***		
			(4. 183)	(6. 107)		
sigma_e			8. 983***	0. 084***		
			(20. 264)	(21. 055)		
R-squared	0. 677	0. 434			0. 702	0. 454
Observations	261	261	261	261	232	232
Province Fixed Effect	YES	YES			YES	YES
Year Fixed Effect	YES	YES			YES	YES

注：*** 表示 $p<0.01$，** 表示 $p<0.05$，* 表示 $p<0.1$，括号内为 t 值。

5.3.2 环境分权下中介影响的稳健性检验

表 5-9 显示了地方政府环境信息公开在环境分权与生态环境多主体协同治理水平之间发挥中介影响的 3 种稳健性检验结果。3 种稳健性检验结果均显示：环境分权对生态环境多主体协同治理水平存在负向影响；环境分权对地方政府环境信息公开具有显著的正向影响；地方政府环境信息公开对生态环境多主体协同治理水平存在显著的正向影响。总的来说，3 种稳健性检验结果均表明，地方政府环境信息公开在环境分权影响生态环境多主体协同治理水平的过程中发挥遮掩效应，证明了前文研究结果的稳健性。

表 5-9 环境分权下地方政府环境信息公开中介影响的稳健性检验结果

变量	替换自变量法		变换模型估计法		滞后自变量法	
	EID	MCG-GL	EID	MCG-GL	EID	MCG-GL
ED	1.830**	-0.481*	3.833***	-0.442*	2.718**	-0.490**
	(2.352)	(-1.944)	(3.400)	(-1.829)	(1.980)	(-2.114)
EID		0.004*		0.019*		0.007*
		(1.760)		(1.776)		(1.723)
UL	67.393***	-0.466**	34.291**	-0.319*	48.679***	-0.588**
	(4.048)	(-2.069)	(2.268)	(-1.782)	(2.688)	(-2.315)
HC	-1.146	-0.074	-40.332*	0.033	-3.212	-0.153
PGDP	(-0.041)	(-0.206)	(-1.840)	(0.124)	(-0.115)	(-0.397)
	-15.094***	0.125***	7.279	0.150***	-13.457**	0.099**
	(-2.607)	(2.629)	(1.369)	(2.789)	(-2.323)	(2.229)
IS	-5.209	0.228***	7.994**	0.203***	-2.538	0.231***
	(-1.047)	(3.506)	(2.263)	(4.961)	(-0.483)	(3.189)
ER	1.277	-0.006**	-2.332**	-0.006*	0.863	-0.013*
	(1.288)	(-2.487)	(-2.230)	(-1.750)	(0.850)	(-1.926)
OPEN	-1.831*	0.007	0.446	-0.006	-0.990	0.011
	(-1.729)	(0.487)	(0.583)	(-0.587)	(-0.879)	(0.689)

续表

变量	替换自变量法		变换模型估计法		滞后自变量法	
	EID	MCG-GL	EID	MCG-GL	EID	MCG-GL
Constant	-192.981**	2.568**	-10.493	1.583**	-125.147	3.030**
	(-2.201)	(2.220)	(-0.172)	(2.178)	(-1.318)	(2.309)
sigma_u			4.979***	0.114***		
			(4.180)	(6.239)		
sigma_e			9.116***	0.086***		
			(20.650)	(21.131)		
R-squared	0.665	0.442			0.702	0.430
Observations	261	261	261	261	232	232
Province Fixed Effect	YES	YES			YES	YES
Year Fixed Effect	YES	YES			YES	YES

注：***表示 $p<0.01$，**表示 $p<0.05$，*表示 $p<0.1$，括号内为 t 值。

5.3.3 财政-环境分权交互作用下中介影响的稳健性检验

表5-10显示了地方政府环境信息公开在财政-环境分权交互作用与生态环境多主体协同治理水平之间中介影响的3种稳健性检验结果。其中，替换自变量法和变换模型估计法的稳健性检验结果显示：财政-环境分权交互作用对生态环境多主体协同治理水平存在显著的负向影响（估计结果分为 $c_1^s=-0.151$，$p=0.000<0.01$；$c_1^s=-0.042$，$p=0.004<0.01$），但财政-环境分权交互作用对地方政府环境信息公开的影响、地方政府环境信息公开对生态环境多主体协同治理水平的影响均不显著。滞后自变量法的稳健性检验结果显示：财政-环境分权交互作用对生态环境多主体协同治理水平的影响、财政-环境分权交互作用对地方政府环境信息公开的影响、地方政府环境信息公开对生态环境多主体协同治理水平的影响均不显著。总的来说，3种稳健性检验均证明地方政府环境信息公开无法在财政-环境分权交互作用与生态环境多主体协同治理水平之间发挥中介影响，表明了前文结果的稳健性。

表 5-10 财政-环境分权交互作用下地方政府环境信息公开中介影响的稳健性检验结果

变量	替换自变量法		变换模型估计法		滞后自变量法	
	EID	MCG-GL	EID	MCG-GL	EID	MCG-GL
FD×ED	-1.546	-0.151***	-1.230	-0.042***	1.849	-0.027
	(-0.478)	(-3.664)	(-0.899)	(-2.847)	(1.421)	(-1.500)
EID		0.001		0.000		0.001
		(1.359)		(0.655)		(1.307)
UL	63.489***	-0.619***	38.519**	-0.261	49.059***	-0.609**
	(4.078)	(-3.002)	(2.493)	(-1.446)	(2.772)	(-2.452)
HC	-1.870	-0.115	-40.748*	0.104	-2.427	-0.169
	(-0.068)	(-0.326)	(-1.771)	(0.389)	(-0.087)	(-0.442)
PGDP	-14.758**	0.190**	6.634	0.162***	-15.543**	0.129
	(-2.449)	(2.442)	(1.244)	(3.034)	(-2.082)	(1.536)
IS	-5.218	0.219***	8.313**	0.180***	-2.558	0.232***
	(-1.047)	(3.432)	(2.289)	(4.387)	(-0.489)	(3.213)
ER	1.279	-0.001	-2.320**	-0.003**	0.893	-0.013*
	(1.278)	(-0.059)	(-2.198)	(-2.248)	(0.884)	(-1.946)
OPEN	-1.764*	0.008	0.527	-0.004	-0.884	0.009
	(-1.676)	(0.614)	(0.673)	(-0.447)	(-0.788)	(0.585)
Constant	-181.742**	3.031***	-28.269	1.173	-125.483	3.099**
	(-2.109)	(2.727)	(-0.422)	(1.566)	(-1.343)	(2.398)
sigma_u			5.291***	0.114***		
			(4.394)	(6.391)		
sigma_e			9.087***	0.085***		
			(20.709)	(21.204)		
R-squared	0.664	0.465			0.704	0.433
Observations	261	261	261	261	232	232
Province Fixed Effect	YES	YES			YES	YES
Year Fixed Effect	YES	YES			YES	YES

注：***表示 $p<0.01$，**表示 $p<0.05$，*表示 $p<0.1$，括号内为 t 值。

表 5-11 总结了上述 3 种稳健性检验的结果。总的来说，3 种稳健性检验的结果基本佐证了前文研究结果的稳健性。

表 5-11　稳健性检验结果汇总

研究假设	替换自变量法	变换模型估计法	滞后自变量法
假设 H2a	稳健	稳健	稳健
假设 H2b	稳健	稳健	稳健
假设 H2c	稳健	稳健	稳健

5.4　本章小结

本章首先构建了地方政府环境信息公开的中介影响检验模型，然后分别检验了地方政府环境信息公开在财政分权、环境分权、财政-环境分权交互作用影响生态环境多主体协同治理水平中发挥的中介影响效应，并通过 3 种方法对相应结果进行了稳健性检验。研究结果表明，在研究期内，地方政府环境信息公开无法在财政分权、财政-环境分权交互作用与生态环境多主体协同治理水平之间发挥中介影响，但地方政府环境信息公开在环境分权影响生态环境多主体协同治理水平的过程中可发挥遮掩效应，即地方政府环境信息公开可削弱环境分权在影响生态环境多主体协同治理水平中的负面效应。本章对上述检验结果进行了解释，检验结果肯定了地方政府环境信息公开的积极作用，有助于为设计相应的政策建议，以更好地提升生态环境多主体协同治理水平提供支持。

第6章

6 晋升激励与环境关注度的调节影响检验

6.1 晋升激励与环境关注度调节影响的模型设定

关于变量之间的调节影响研究也是管理学科中的重要内容，有助于研究者了解自变量和因变量之间的关系为何且如何受到第三个变量的影响[243]，并揭示自变量影响因变量的边界条件[244]。

本章的主要内容之一是分别检验晋升激励和环境关注度对财政-环境分权与生态环境多主体协同治理水平之间关系的调节影响效应（假设 H3a-1、假设 H3b-1、假设 H3c-1；假设 H4a-1、假设 H4b-1、假设 H4c-1）。更具体地说，是检验调节变量在自变量影响因变量时产生的调节作用。因此，首先需要对相关的调节影响检验模型进行设定。由于第 4 章已验证了财政-环境分权对生态环境多主体协同治理水平不存在非线性影响，均为显著的负向影响。故本节承接第 4 章的研究结果，并参照已有研究经验[245]，设定相关调节影响检验，如模型（6-1）所示：

$$MCG-GL_{i,t}=\beta_0+\beta_1X_{i,t}+\beta_2MO_{i,t}+\beta_3X_{i,t}\times MO_{i,t}+\beta_rZ_{i,t}+\mu_i+\delta_t+\varepsilon_{i,t} \tag{6-1}$$

其中，MO 表示调节变量，包括晋升激励（PI）和环境关注度（EPA）；其余变量的含义同第 4.1 节，此处不再赘述。模型（6-1）可用来检验调节变量对主效应的调节影响，即分别检验晋升激励、环境关注度对自变量（财政分权 FD、环境分权 ED、财政-环境分权交互作用 FD×ED）影响因变量（生态环境多主体协同治理水平 MCG-GL）的调节影响效应。当 β_3 显著时，说明晋升激励、环境关注度对财政-环境分权与生态环境多主体协同治理水平之间的关系存在调节影响。

此外，本章还将分别检验晋升激励和环境关注度对地方政府环境信息公开（EID）有调节的中介影响效应（假设 H3a-2、假设 H3b-2、假设 H3c-2；假设 H4a-2、假设 H4b-2、假设 H4c-2）。近些年来，有调节的中介影响研究激增[246-247]。相关研究同时考虑了中介作用和调节作用，但其核心为中介作用，即在中介作用的基础上进一步讨论调节变量的影响[247]。在本研究中，中介过程的前半段路径可能会受到调节变量的影响。同样地，因第 4 章已验证了财政-环境分权对生态环境多主体协同治理水平不存在非线性影响，均为显著的负向影响。故本节承接第 4 章的研究结果，并参照温忠麟和叶宝娟[248] 有调节的中介影响效应检验的三步法，设定相应的检验模型如模型（6-2）~模型（6-4）所示：

$$MCG-GL_{i,t}=\beta_0+\beta_{11}X_{i,t}+\beta_{12}MO_{i,t}+\beta_{13}X_{i,t}\times MO_{i,t}+\beta_rZ_{i,t}+\mu_i+\delta_t+\varepsilon_{i,t} \tag{6-2}$$

$$EID_{i,t}=\beta_0+\beta_{21}X_{i,t}+\beta_{22}MO_{i,t}+\beta_{23}X_{i,t}\times MO_{i,t}+\beta_rZ_{i,t}+\mu_i+\delta_t+\varepsilon_{i,t} \tag{6-3}$$

$$MCG-GL_{i,t}=\beta_0+\beta_{31}X_{i,t}+\beta_{32}EID_{i,t}+\beta_{33}MO_{i,t}+\rho_4X_{i,t}MO_{i,t}+\rho_rZ_{i,t}+\mu_i+\delta_t+\varepsilon_{i,t} \tag{6-4}$$

上述模型中相关变量的含义均与第 4.1 节和模型（6-1）的描述一致，此处不再赘述。其中，模型（6-2）用来检验自变量和调节变量，以及两者的交互项对因变量的影响，等同于模型（6-1）；模型（6-3）用来检验自变量、调节变量，以及两者交互项对中介变量（地方政府环境信息公开EID）的影响；模型（6-4）将自变量、中介变量、调节变量、自变量和调节变量的交互项纳入模型探究其对因变量的影响。根据温忠麟和叶宝娟[248]的研究经验，当 β_{23} 和 β_{32} 均显著，或 β_{21}、β_{23} 和 β_{32} 均显著时，可说明地方政府环境信息公开有调节的中介影响是存在的，故本书将在后续的分析中着重关注 β_{21}、β_{23} 和 β_{32} 的系数是否显著。此外，与一般的中介影响检验类似，当不满足上述三步法检验时，并不能保证有调节的中介影响效应不存在，此时需通过 Sobel 法和 Bootstrap 法进行补充检验[236,249]。当 Sobel 法和 Bootstrap 法检验成立时，可认为有调节的中介影响是存在的（见第 5.1 节）。

6.2　晋升激励调节影响的实证检验

基于制度理论，本书认为从正式制度的角度来看，财政-环境分权对生态环境多主体协同治理水平的影响受到晋升激励的调节（假设 H3a-1、假设 H3b-1、假设 H3c-1）。故本节将基于模型（6-1），分别检验晋升激励对财政分权、环境分权、财政-环境分权交互作用与生态环境多主体协同治理水平之间关系的调节影响效应。为更清晰地理解上述研究内容，此处绘制了图 6-1，以显示晋升激励调节财政-环境分权与生态环境多主体协同治理水平之间关系的概念框架。

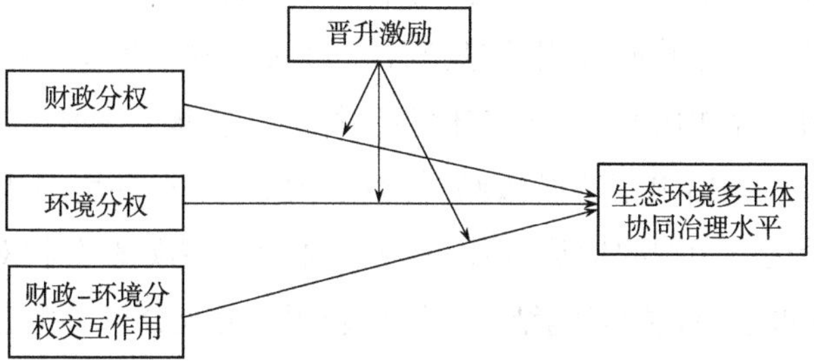

图 6-1　晋升激励调节财政-环境分权与生态环境多主体协同治理水平间关系的概念框架

此外，本书认为从正式制度的角度来看，地方政府环境信息公开在财政-环境分权与生态环境多主体协同治理水平之间发挥的中介作用也会受到晋升激励的调节（假设 H3a-2、假设 H3b-2、假设 H3c-2），即此处存在地方政府环境信息公开有调节的中介作用。故本书将基于模型（6-2）~模型（6-4），分别检验晋升激励对财政分权、环境分权、财政-环境分权交互作用通过地方政府环境信息公开影响生态环境多主体协同治理水平的调节影响。同样地，为更清晰地理解上述研究内容，此处绘制了图 6-2，以展示晋升激励下地方政府环境信息公开有调节的中介作用的概念框架。

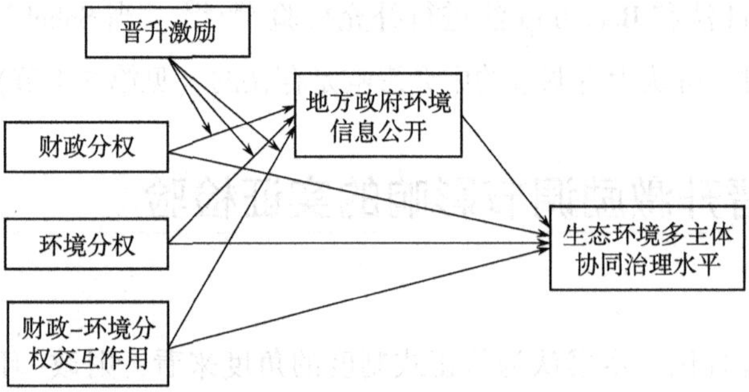

图 6-2 晋升激励下地方政府环境信息公开有调节的中介作用的概念框架

6.2.1 财政分权下晋升激励的调节影响检验

本节将具体对财政分权下晋升激励的调节影响进行检验，包括晋升激励对财政分权与生态环境多主体协同治理水平之间关系的调节影响检验，以及晋升激励对地方政府环境信息公开在财政分权与生态环境多主体协同治理水平之间中介作用的调节影响检验，相关概念框架如图 6-3 所示。

首先，表 6-1 给出了晋升激励对财政分权与生态环境多主体协同治理水平之间关系调节影响的检验结果。其中，模型 1 为财政分权对生态环境多主体协同治理水平的直接影响结果。结果表明：财政分权对生态环境多主体协同治理水平具有显著的负向影响，与第 4.2.1 节的结果一致。模型 2 在模型 1 的基础上，考虑了晋升激励对上述两者之间关系的调节影响。由模型 2 可知，财政分权和晋升激励的交互项对生态环境多主体协同治理水平具有显著

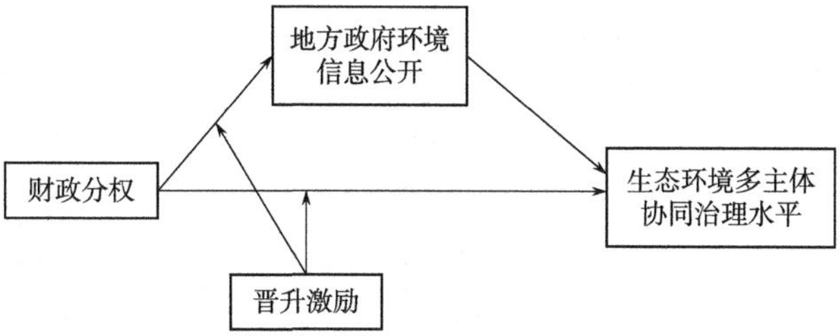

图 6-3　财政分权下晋升激励调节影响的概念框架

的负向影响（$\beta_3=-0.301$，$p=0.016<0.1$）。结合模型 1 财政分权对生态环境多主体协同治理水平负向影响显著的结果可知，晋升激励对财政分权与生态环境多主体协同治理水平之间关系为正向调节影响，即晋升激励加剧了财政分权对生态环境多主体协同治理水平的不利影响，该结果未支持假设 H3a-1。为直观地呈现此处晋升激励的调节影响效应，图 6-4 给出了相应的调节影响效应图。可以看出，随着晋升激励（PI）的提升，财政分权（FD）对生态环境多主体协同治理水平（MCG-GL）的不利影响随之增强。

表 6-1　晋升激励对财政分权与生态环境多主体协同治理水平之间关系的调节影响结果

变量	模型 1	模型 2
FD	−0.154***	−0.209**
	(−3.797)	(−2.427)
PI		−0.105*
		(−1.684)
FD×PI		−0.301**
		(−2.136)
UL	−0.708***	−0.492**
	(−3.475)	(−2.429)
HC	−0.057	−0.122
	(−0.160)	(−0.339)
PGDP	0.221***	0.236***
	(2.709)	(2.683)

续表

变量	模型 1	模型 2
IS	0.193***	0.192***
	(3.005)	(2.903)
ER	-0.003***	-0.000**
	(-3.038)	(-2.015)
OPEN	0.004	0.000
	(0.332)	(0.033)
Constant	3.336***	2.394**
	(3.003)	(2.127)
R-squared	0.462	0.453
Observations	261	261
Province Fixed Effect	YES	YES
Year Fixed Effect	YES	YES

注：*** 表示 $p<0.01$，** 表示 $p<0.05$，* 表示 $p<0.1$，括号内为 t 值。

本书认为可从以下两个方面对上述结果进行解释：

（1）当前晋升激励体系包含了经济、社会、环境多个维度，这为地方政府从该晋升激励体系中选择更显性和快捷的经济发展效益作为工作重心提供了偏好支持。有研究表明，虽然环境绩效的重要性在当前晋升激励体系中不断提升，但经济发展绩效对地方官员的晋升仍具有较大的影响[57]。特别是分税制的实施在一定程度上造成了地方政府财政权责的不匹配性[18]，加大了地方政府对税收来源的争夺，以期为更好地完成既定绩效目标提供基础保障[20]，从而增加晋升优势。在此背景下，一些地方政府将更倾向于利用财政收支权力来发展区域经济而扭曲环境保护用度或财政收支方向，故可能忽视其他主体的环境诉求，且会为开展短期性的生态环境治理活动提供财政支持，以应对中央政府的环境监督，进而将对生态环境多主体协同治理水平产生不利影响。2018 年，廊坊市斥资为围滩河“临时撒药治理”以应对中央生态环境保护督察组的案例[250] 便可支持上述观点。

（2）虽然当前晋升激励体系中环境绩效的重要性不断提升，但当前环境绩效的考核指标中仍存在对环境质量的要求体现不足、环境绩效考核标准模糊等问题[251]，这导致了环境晋升激励对许多地方政府的生态环境治理行为仍然约束不足。在此背景下，个别地方政府可能会为谋取局部利益而利用手中的财政收支权力，违规对污染企业进行税收减免，并为开展短期性和游击性的生态环境治理活动提供财政支持以堵公众之口，并应对中央政府的环境保护督察，进而对生态环境多主体协同治理水平产生不利影响。

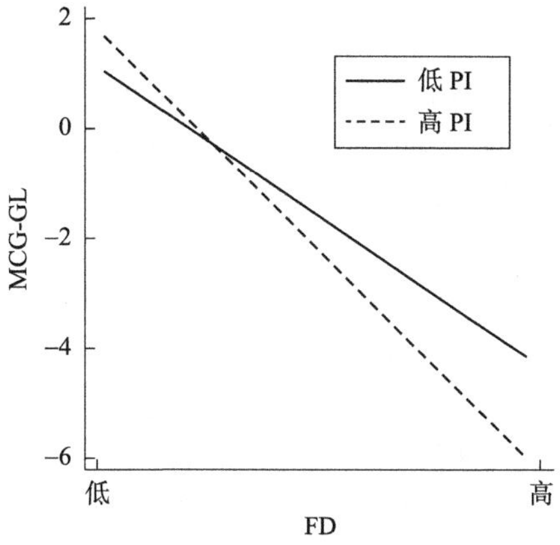

图 6–4　晋升激励对财政分权与生态环境多主体协同治理水平之间关系的调节影响图

表 6–2 给出了晋升激励对财政分权通过地方政府环境信息公开影响生态环境多主体协同治理水平的调节影响结果。依据三步法的检验步骤：第一步，检验财政分权、财政分权和晋升激励的交互项对生态环境多主体协同治理水平的影响。由模型 1 可知，财政分权、财政分权和晋升激励的交互项对生态环境多主体协同治理水平均具有显著的负向影响（$\beta_{11}=-0.209$，$p=0.031<0.1$；$\beta_{13}=-0.301$，$p=0.016<0.1$）。第二步，检验财政分权、财政分权和晋升激励的交互项对地方政府环境信息公开的影响。由模型 2 可知，财政分权对地方政府环境信息公开的影响不显著（$\beta_{21}=6.971$，$p=0.291>0.1$），财政分权和晋升激励的交互项对地方政府环境信息公开具有显著的负向影响（$\beta_{23}=-0.669$，$p=0.070<0.1$）。第三步，在控制财政分权、晋升激励、财政分权和晋升激励交互项的基础上，检验地方政府环境信息公开对生态环境多主体协同治理水平的影响。由模型 3 可知，地方政府环境信息公开对生态环境多主体协同治理水平的影响不显著（$\beta_{32}=0.001$，$p=0.147>0.1$）。上述结果表明，晋升激励无法调节地方政府环境信息公开

在财政分权与生态环境多主体协同治理水平之间的中介作用。

表 6-2 基于三步法的财政分权下地方政府环境信息公开有调节的中介作用结果

变量	模型 1（MCG-GL）	模型 2（EID）	模型 3（MCG-GL）
FD	-0.209**	6.971	-0.218**
	(-2.427)	(1.056)	(-2.532)
PI	-0.105*	-10.819**	-0.091
	(-1.684)	(-2.259)	(-1.447)
FD×PI	-0.301**	-0.669*	-0.015
	(-2.136)	(-1.704)	(-0.129)
EID			0.001
			(1.455)
UL	-0.492**	60.784***	-0.571***
	(-2.429)	(3.922)	(-2.729)
HC	-0.122	-7.818	-0.112
	(-0.339)	(-0.284)	(-0.311)
PGDP	0.236***	-14.170**	0.254***
	(2.683)	(-2.108)	(2.869)
IS	0.192***	-3.115	0.196***
	(2.903)	(-0.616)	(2.969)
ER	-0.000**	1.210	-0.002
	(-2.015)	(1.220)	(-0.136)
OPEN	0.000	-1.597	0.003
	(0.033)	(-1.509)	(0.182)
Constant	2.394**	-164.534*	2.607**
	(2.127)	(-1.911)	(2.303)
R-squared	0.453	0.674	0.458
Observations	261	261	261
Province Fixed Effect	YES	YES	YES
Year Fixed Effect	YES	YES	YES

注：*** 表示 $p<0.01$，** 表示 $p<0.05$，* 表示 $p<0.1$，括号内为 t 值。

然而，如前文所述，不满足三步法检验并不能证明有调节的中介作用不存在[252]。因此，本书将进一步采取 Sobel 法和 Bootstrap 法（迭代 1000 次）对财政分权下地方政府环境信息公开有调节的中介影响进行补充检验，相关检验结果分别见表 6-3 和表 6-4。由表 6-3 可知，直接效应显著（Direct effect = -0.218，$p=0.011<0.1$），但间接效应不显著（Indirect effect = 0.009，$p=0.393>0.1$）；表 6-4 分别给出了在低晋升激励（均值减一个标准差）、中晋升激励（均值）和高晋升激励（均值加一个标准差）情况下，地方政府环境信息公开中介影响效应的检验结果。从表 6-4 中可以看出，三种情况下的估计系数值基本保持不变（均约等于 0.009），相应的 p 值均大于 0.1，且 95% 的置信区间均包含 0 值。综上可知，Sobel 法和 Bootstrap 法再一次验证了，晋升激励无法调节地方政府环境信息公开在财政分权与生态环境多主体协同治理水平之间的中介影响，假设 H3a-2 未能得到支持。根据前人的研究经验，有调节的中介作用指：中介变量发挥作用的过程会受到调节变量的影响，换句话说，调节作用需要建立在中介作用本身存在的基础上[243-255]。结合第 5.2.1 节的分析，本书认为晋升激励无法调节地方政府环境信息公开在财政分权与生态环境多主体协同治理水平之间的中介影响可能是因为，在研究期内，地方政府环境信息公开在财政分权与生态环境多主体协同治理水平之间的中介影响并不显著，导致晋升激励无法在中介影响不显著的情况下对相关路径进行调节。

表 6-3　基于 Sobel 法的财政分权下地方政府环境信息公开有调节的中介作用结果

变量	系数	标准误	z 值	p 值
α_1	6.971	6.602	1.056	0.291
b_1	0.001	0.001	1.455	0.146
Indirect effect	0.009	0.011	0.855	0.393
Direct effect	-0.218	0.086	-2.532	0.011
Total effect	-0.209	0.086	-2.427	0.015

表 6-4 基于 Bootstrap 法的财政分权下地方政府环境信息公开有调节的中介作用结果

分组统计	系数	标准误	p 值	95% 置信区间	
低晋升激励（-1sd）	0.009	0.011	0.400	-0.013	0.032
中晋升激励（mean）	0.009	0.011	0.407	-0.013	0.032
高晋升激励（+1sd）	0.009	0.011	0.420	-0.013	0.032

6.2.2 环境分权下晋升激励的调节影响检验

本节将具体对环境分权下晋升激励的调节影响进行检验，包括晋升激励对环境分权与生态环境多主体协同治理水平之间关系的调节影响检验，以及晋升激励对环境分权通过地方政府环境信息公开影响生态环境多主体协同治理水平的调节影响检验，相关概念框架如图 6-5 所示。

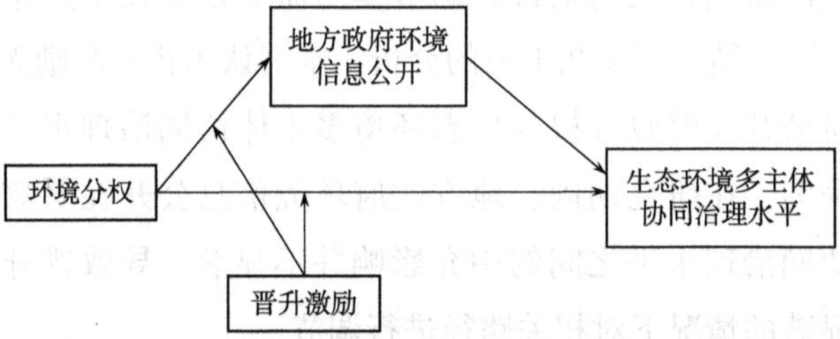

图 6-5 环境分权下晋升激励调节影响的概念框架

首先，表 6-5 给出了晋升激励对环境分权与生态环境多主体协同治理水平之间关系的调节影响结果。其中，模型 1 是环境分权对生态环境多主体协同治理水平的直接影响结果。结果表明，环境分权对生态环境多主体协同治理水平具有显著的负向影响，与第 4.2.2 节的结果一致。模型 2 在模型 1 的基础上，考虑了晋升激励对上述两者之间关系的调节影响。由模型 2 可知，环境分权和晋升激励的交互项对生态环境多主体协同治理水平存在显著的正向影响（$\beta_3=0.674$，$p=0.029<0.1$）。结合模型 1 环境分权对生态环境多主体协同治理水平具有显著的负向影响的结果可知，晋升激励对环境分权与生态环境多主体协同治理水平之间的关系为负向调节影响（模型 1

与模型 2 的检验结果符号相反)，即晋升激励缓解了环境分权对生态环境多主体协同治理水平的不利影响。因环境分权对生态环境多主体协同治理水平的影响为线性（非倒 U 形），故本节的检验结果部分支持了假设 H3b-1。此处绘制了图 6-6，以更直观地呈现晋升激励对环境分权与生态环境多主体协同治理水平之间关系的调节影响效应。可以发现，随着晋升激励（PI）的提升，环境分权（ED）对生态环境多主体协同治理水平（MCG-GL）的不利影响逐渐减弱。

表 6-5　晋升激励对环境分权与生态环境多主体协同治理水平之间关系的调节影响结果

变量	模型 1	模型 2
ED	-0.079*	-0.554**
	(-1.885)	(-2.528)
PI		-0.792***
		(-2.656)
ED×PI		0.674**
		(2.197)
UL	-0.474**	-0.465**
	(-2.291)	(-2.277)
HC	-0.025	-0.073
	(-0.070)	(-0.204)
PGDP	0.109**	0.137*
	(2.130)	(1.697)
IS	0.237***	0.244***
	(3.630)	(3.794)
ER	-0.013**	-0.012*
	(-1.978)	(-1.893)
OPEN	0.008	0.009
	(0.573)	(0.663)
Constant	2.410**	2.991***
	(2.108)	(2.607)

续表

变量	模型 1	模型 2
R-squared	0.436	0.456
Observations	261	261
Province Fixed Effect	YES	YES
Year Fixed Effect	YES	YES

注：*** 表示 $p<0.01$，** 表示 $p<0.05$，* 表示 $p<0.1$，括号内为 t 值。

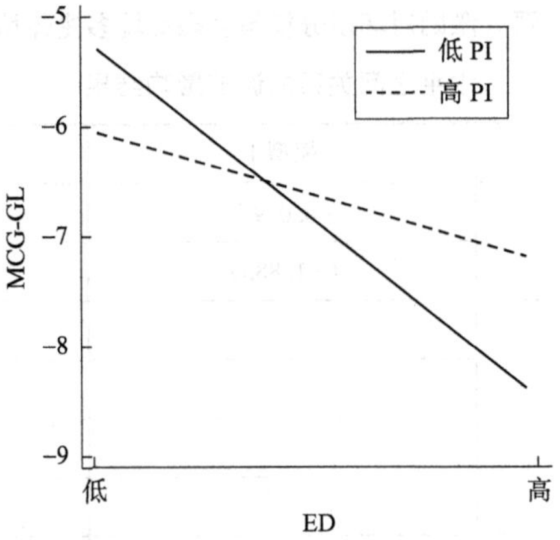

图 6-6　晋升激励对环境分权与生态环境多主体协同治理水平之间关系的调节影响图

接着，表 6-6 给出了基于三步法的环境分权下晋升激励通过地方政府环境信息公开影响生态环境多主体协同治理水平的调节影响结果。依据三步法的检验步骤：第一步，检验环境分权、环境分权和晋升激励的交互项对生态环境多主体协同治理水平的影响。由模型 1 可知，环境分权对生态环境多主体协同治理水平具有显著的负向影响（$\beta_{11}=-0.554$，$p=0.012<0.1$），环境分权和晋升激励的交互项对生态环境多主体协同治理水平具有显著的正向影响（$\beta_{13}=0.674$，$p=0.029<0.1$）。第二步，检验环境分权、环境分权和晋升激励的交互项对地方政府环境信息公开的影响。由模型 2 可知，环境分权与地方政府环境信息公开之间存在显著的正向影响（$\beta_{21}=0.368$，$p=0.002<0.01$），环境分权和晋升激励的交互项对地方政府环境信息公开具有显著的正向影响

(β_{23}=6.545，p=0.028<0.1)。第三步，在控制环境分权、晋升激励、环境分权和晋升激励交互项的基础上，检验地方政府环境信息公开对生态环境多主体协同治理水平的影响。由模型 3 可知，地方政府环境信息公开对生态环境多主体协同治理水平存在显著的正向影响（β_{32}=0.005，p=0.071<0.1）。综上，研究结果表明，晋升激励能够调节地方政府环境信息公开在环境分权与生态环境多主体协同治理水平之间的中介影响。

表 6-6 基于三步法的环境分权下地方政府环境信息公开调节的中介作用结果

变量	模型 1（MCG-GL）	模型 2（EID）	模型 3（MCG-GL）
ED	-0.554**	0.368***	-0.556**
	(-2.528)	(3.218)	(-2.513)
PI	-0.792***	-22.651	-0.767**
	(-2.656)	(-0.987)	(-2.471)
ED×PI	0.674**	6.545**	0.667**
	(2.197)	(2.277)	(2.176)
EID			0.005*
			(1.822)
UL	-0.465**	62.215***	-0.532**
	(-2.277)	(3.961)	(-2.519)
HC	-0.073	-7.225	-0.065
	(-0.204)	(-0.261)	(-0.182)
PGDP	0.137*	-11.432*	0.149*
	(1.697)	(-1.839)	(1.838)
IS	0.244***	-4.672	0.249***
	(3.794)	(-0.942)	(3.869)
ER	-0.012*	1.451	-0.013
	(-1.893)	(1.456)	(-1.010)
OPEN	0.009	-1.794*	0.011
	(0.663)	(-1.712)	(0.801)

续表

变量	模型 1（MCG-GL）	模型 2（EID）	模型 3（MCG-GL）
Constant	2.991***	-156.352*	3.160***
	(2.607)	(-1.770)	(2.738)
R-squared	0.456	0.672	0.460
Observations	261	261	261
Province Fixed Effect	YES	YES	YES
Year Fixed Effect	YES	YES	YES

注：*** 表示 $p<0.01$，** 表示 $p<0.05$，* 表示 $p<0.1$，括号内为 t 值。

为更清晰呈现此处地方政府环境信息公开有调节的中介影响效应，借鉴已有研究的做法[244-245]，表 6-7 给出了基于 Bootstrap 法的检验结果。

基于 Bootstrap 法（迭代 1000 次），表 6-7 进一步给出了不同晋升激励条件下（均值及其加减一个标准差）地方政府环境信息公开中介影响的情况。可以发现，随着晋升激励的提升，地方政府环境信息公开中介影响的系数逐渐增加。低晋升激励、中晋升激励和高晋升激励下的系数分别为 0.001 7、0.001 8 和 0.002 0，相应的 p 值均小于 0.1，且 95% 置信区间均不包含 0。上述结果说明，晋升激励能够正向调节地方政府环境信息公开在环境分权与生态环境多主体协同治理水平之间的中介影响，该结果支持了假设 H3b-2。结合第 4.2.2 节主效应的检验结果和第 5.2.2 节中介效应的检验结果可知，上述研究结果说明，晋升激励可强化地方政府环境信息公开在环境分权影响生态环境多主体协同治理水平中的遮掩效应。

表 6-7　基于 Bootstrap 法的环境分权下晋升激励调节的中介作用结果

分组统计	系数	标准误	p 值	95% 置信区间	
低晋升激励（-1sd）	0.0017	0.001	0.040	0.010	0.301
中晋升激励（mean）	0.0018	0.001	0.027	0.017	0.420
高晋升激励（+1sd）	0.0020	0.001	0.001	0.040	0.582

注：为区分系数间的细微大小，表 6-7 中的系数列特别保留了 4 位小数。

6.2.3　财政–环境分权交互作用下晋升激励的调节影响检验

本节将对财政–环境分权交互作用下晋升激励的调节影响进行检验，包括晋升激励对财政–环境分权交互作用与生态环境多主体协同治理水平之间关系的调节影响检验，以及晋升激励对财政–环境分权交互作用通过地方政府环境信息公开影响生态环境多主体协同治理水平的调节影响检验，相关概念框架如图 6–7 所示。

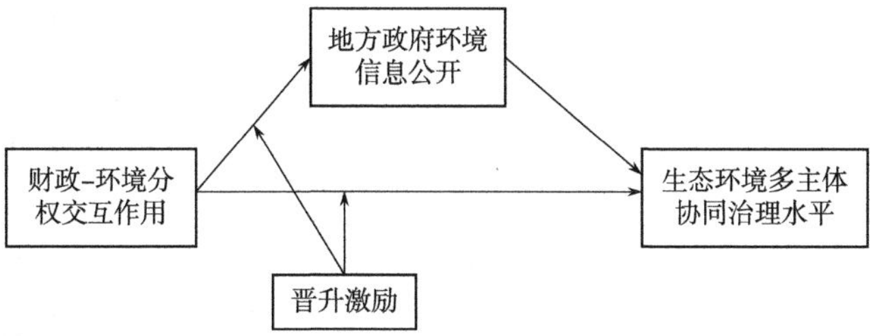

图 6–7　财政–环境分权交互作用下晋升激励调节影响的概念框架

首先，表 6–8 给出了晋升激励对财政–环境分权交互作用与生态环境多主体协同治理水平之间关系的调节影响结果。模型 1 是财政–环境分权交互作用对生态环境多主体协同治理水平的直接影响结果。结果表明，财政–环境分权交互作用对生态环境多主体协同治理水平具有显著的负向影响，与第 4.2.3 节的检验结果一致。模型 2 在模型 1 的基础上，考虑了晋升激励对财政–环境分权交互作用与生态环境多主体协同治理水平之间关系的调节影响。由模型 2 可知，财政–环境分权交互作用和晋升激励的交互项对生态环境多主体协同治理水平的影响不显著（$\beta_3=0.151$，$p=0.371>0.1$）。该结果说明，晋升激励在研究期内无法调节财政–环境分权与生态环境多主体协同治理水平之间的关系，假设 H3c–1 未能得到支持。本书推测出现上述结果的原因可能是，晋升激励对财政分权、环境分权与生态环境多主体协同治理水平之间关系的调节影响效应不一，导致晋升激励对财政–环境分权交互作用与生态环境多主体协同治理水平之间关系的调节影响出现不显著。本书推测晋升激励对地方政府在财政–环境分权交互作用下的生态环境治理行为可能会产生一定的影响，但这种影响在本研究期内并未对地方政府积极或消极的生态环境治理行为起到增强或减弱的作用，进而无法对生态环境多主体协同治理水平产生影响。

表 6-8 晋升激励对财政-环境分权交互作用与生态环境多主体协同治理水平的调节影响结果

变量	模型 1	模型 2
FD×ED	-0.046***	-0.021*
	(-2.775)	(-1.837)
PI		-0.167*
		(-1.784)
FD×ED×PI		0.151
		(0.909)
UL	-0.493**	-0.430
	(-2.432)	(-1.649)
HC	-0.067	-0.036
	(-0.188)	(-0.085)
PGDP	0.150*	0.222*
	(1.721)	(1.996)
IS	0.229***	0.224*
	(3.548)	(1.956)
ER	-0.010***	-0.011**
	(-3.774)	(-2.062)
OPEN	0.007	0.005
	(0.493)	(0.504)
Constant	2.497**	2.139
	(2.227)	(1.561)
R-squared	0.446	0.460
Observations	261	261
Province Fixed Effect	YES	YES
Year Fixed Effect	YES	YES

注：*** 表示 $p<0.01$，** 表示 $p<0.05$，* 表示 $p<0.1$，括号内为 t 值。

表 6-9 给出了晋升激励对财政-环境分权交互作用通过地方政府环境信息公开影响生态环境多主体协同治理水平的调节影响结果。遵循三步法的检验步骤：第一步，检验财政-环境分权交互作用、财政-环境分权交互作用和晋升激励的交互项对生态环境多主体协同治理水平的影响。由模型 1 可知，财政-环境分权交互作用对生态环境多主体协同治理水平具有显著的负向影响（$\beta_{11}=-0.021$，$p=0.070<0.1$），而财政-环境分权交互作用和晋升激励的交互项对生态环境多主体协同治理水平的影响不显著（$\beta_{13}=0.151$，$p=0.371>0.1$）。第二步，检验财政-环境分权交互作用、财政-环境分权交互作用和晋升激励的交互项对地方政府环境信息公开的影响。由模型 2 可知，二者对地方政府环境信息公开的影响均不显著（估计结果分别为 $\beta_{21}=4.575$，$p=0.525>0.01$；$\beta_{23}=-1.965$，$p=0.845>0.1$）。第三步，在控制财政-环境分权交互作用、晋升激励、财政-环境分权交互作用和晋升激励交互项的基础上，检验地方政府环境信息公开对生态环境多主体协同治理水平的影响。由模型 3 可知，地方政府环境信息公开对生态环境多主体协同治理水平的影响不显著（$\beta_{32}=0.001$，$p=0.236>0.1$）。上述结果表明，晋升激励无法调节地方政府环境信息公开在财政-环境分权交互作用与生态环境多主体协同治理水平之间的中介影响。

表 6-9 基于三步法的财政-环境分权交互作用下地方政府环境信息公开有调节中介作用结果

变量	模型 1（MCG-GL）	模型 2（EID）	模型 3（MCG-GL）
FD×ED	-0.021*	4.575	-0.027*
	(-1.837)	(1.614)	(-1.743)
PI	-0.167*	-16.365*	-0.145
	(-1.784)	(-1.886)	(-1.549)
FD×ED×PI	0.151	-1.965	0.154
	(0.909)	(-0.198)	(0.943)
EID			0.001
			(1.189)

续表

变量	模型 1（MCG-GL）	模型 2（EID）	模型 3（MCG-GL）
UL	-0.430	59.273***	-0.509*
	(-1.649)	(3.182)	(-1.929)
HC	-0.036	-9.591	-0.023
	(-0.085)	(-0.371)	(-0.054)
PGDP	0.222*	-13.775	0.240**
	(1.996)	(-1.316)	(2.139)
IS	0.224*	-4.326	0.229**
	(1.956)	(-0.662)	(2.028)
ER	-0.011**	1.549	-0.013*
	(-2.062)	(1.417)	(-1.681)
OPEN	0.005	-1.748	0.008
	(0.504)	(-0.754)	(0.757)
Constant	2.139	-140.101	2.324
	(1.561)	(-1.506)	(1.640)
R-squared	0.460	0.674	0.465
Observations	261	261	261
Province Fixed Effect	YES	YES	YES
Year Fixed Effect	YES	YES	YES

注：*** 表示 $p<0.01$，** 表示 $p<0.05$，* 表示 $p<0.1$，括号内为 t 值。

类似地，为保障上述检验结果的准确性，本书进一步采取 Sobel 法和 Bootstrap 法（迭代 1000 次）对晋升激励调节地方政府环境信息公开在财政-环境分权交互作用与生态环境多主体协同治理水平之间的中介影响进行补充检验，相关检验结果分别见表 6-10 和表 6-11。由表 6-10 可知，直接效应显著（Direct effect = -0.027，$p=0.011<0.1$），但间接效应不显著（Indirect effect = 0.006，$p=0.393>0.1$）；表 6-11 分别给出了低晋升激励（均值减一个标准差）、中晋升激励（均值）和高晋升激励（均值加一个标准差）情况下，地方政府环境信息公开中介作用的检验结果。可以看出，3 种情况下的估计系数保持不变，相应的 p 值均大于 0.1，且 95% 置信区间均包含 0 值。综上，Sobel 法和 Bootstrap 法再一次验证了晋升激励无法调节地方政府环境信息公开在财政-环境分权交互作用与生态环境多主体协同治理水平之间的中介影响，假设 H3c-2 未得到支持。同第 6.2.1 节的分析，本书认为出现上述结果可能是因为，在研究期内，地方政府环境信息公开在财政-环境分权交互作用与生态环境多主体协同治理水平之间的中介影响不显著，晋升激励无法在中介影响不显著的情况下对其进行调节。

表 6-10　基于 Sobel 财政-环境分权交互作用下地方政府环境信息公开有调节的中介作用结果

变量	系数	标准误	z 值	p 值
α_1	4.575	2.835	1.614	0.127
b_1	0.001	0.001	1.189	0.237
Indirect effect	0.006	0.005	1.198	0.231
Direct effect	-0.027	0.015	-1.743	0.058
Total effect	-0.021	0.011	-1.848	0.052

表 6-11　基于 Bootstrap 法的财政-环境分权交互作用下地方政府环境信息公开有调节的中介作用结果

分组统计	系数	标准误	p 值	95% 置信区间	
低晋升激励（-1sd）	0.006	0.014	0.981	-0.009	0.009
中晋升激励（mean）	0.006	0.014	0.843	-0.008	0.010
高晋升激励（+1sd）	0.006	0.013	0.727	-0.008	0.011

6.3　环境关注度调节影响的实证检验

基于制度理论，本书认为从非正式制度的角度来看，财政-环境分权对生态环境多主体协同治理水平的影响受到环境关注度的调节（假设 H4a-1、假设 H4b-1、假设 H4c-1）。故本节将基于模型（6-1），分别检验环境关注度对财政分权、环境分权、财政-环境分权交互作用与生态环境多主体协同治理水平之间关系的调节影响效应。为更清晰地理解上述研究内容，此处绘制了图 6-8，以显示环境关注度调节财政-环境分权与生态环境多主体协同治理水平之间关系的概念框架。

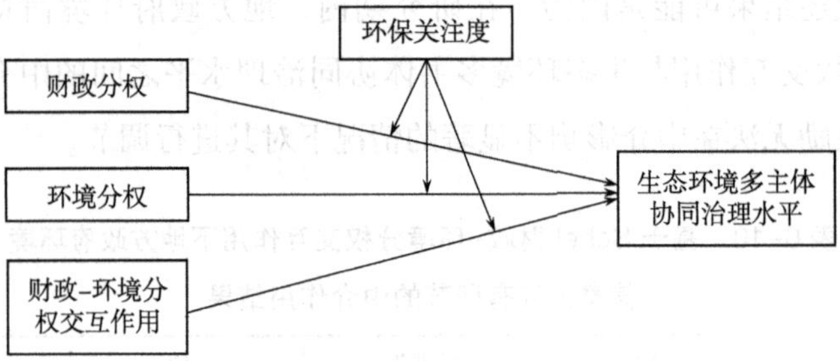

图 6-8　环境关注度调节财政-环境分权与生态环境多主体协同治理水平间关系的概念框架

此外，本书认为从非正式制度的角度来看，地方政府环境信息公开对财政-环境分权与生态环境多主体协同治理水平之间的中介作用也受到环境关注度的调节，即此处存在地方政府环境信息公开有调节的中介作用（假设 H4a-2、假设 H4b-2、假设 H4c-2）。故本书将基于模型（6-2）~模型（6-4），分别检验环境关注度对财政分权、环境分权、财政-环境分权交互作用通过地方政府环境信息公开影响生态环境多主体协同治理水平的调节影响。同样地，为更清晰地理解上述研究内容，此处绘制了图 6-9，以展示环境关注度下地方政府环境信息公开有调节的中介作用的概念框架。

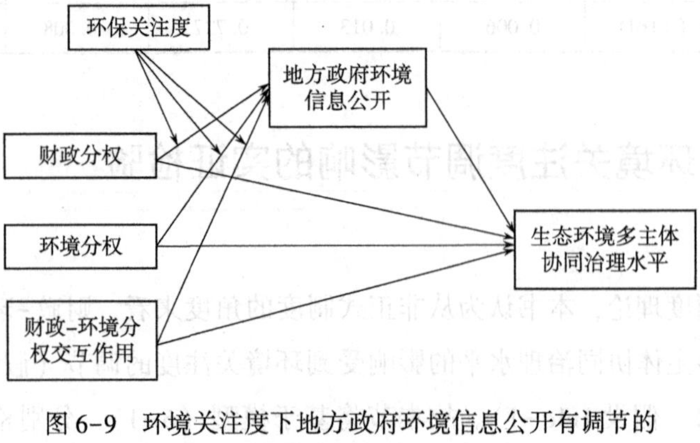

图 6-9　环境关注度下地方政府环境信息公开有调节的中介作用的概念框架

6.3.1　财政分权下环境关注度的调节影响检验

本节将具体对财政分权下环境关注度的调节影响进行检验，包括环境关注度对财政分权与生态环境多主体协同治理水平之间关系的调节影响，以及环境关注度对财政分权通过地方政府环境信息公开影响生态环境多主体协同治理水平的调节作用，相关概念框架如图 6-10 所示。

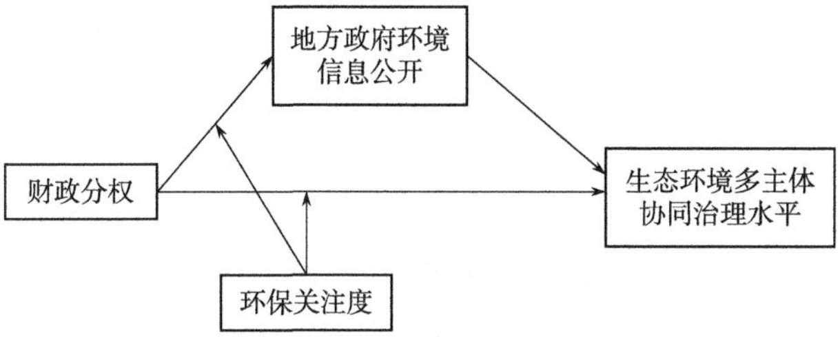

图 6-10　财政分权下环境关注度调节影响的概念框架

首先，表 6-12 给出了环境关注度对财政分权与生态环境多主体协同治理水平之间关系的调节影响结果。模型 1 是财政分权对生态环境多主体协同治理水平的直接影响结果。结果表明，财政分权对生态环境多主体协同治理水平具有显著的负向影响，与第 4.2.1 节的结果一致。模型 2 在模型 1 的基础上考虑了环境关注度对上述二者之间关系的调节影响。由模型 2 可知，财政分权和环境关注度的交互项对生态环境多主体协同治理水平具有显著的正向影响（$\beta_3=0.00007$，$p=0.092<0.1$）。结合模型 1 财政分权对生态环境多主体协同治理水平为显著的负向影响的结果可知，环境关注度对财政分权与生态环境多主体协同治理水平之间的关系为负向调节影响（模型 1 与模型 2 的检验结果符号相反），即环境关注度缓解了财政分权对生态环境多主体协同治理水平的不利影响。因财政分权对生态环境多主体协同治理水平的影响为线性（非倒 U 形），故本节的检验结果部分支持了假设 H4a-1。此处绘制了图 6-11，以直观地呈现环境关注度对财政分权与生态环境多主体协同治理水平之间关系的调节影响效应。可以发现，随着环境

关注度（EPA）的提升，财政分权（FD）对生态环境多主体协同治理水平（MCG-GL）的不利影响逐渐减弱。

表 6-12 环境关注度对财政分权与生态环境多主体协同治理水平之间关系的调节影响结果

变量	模型 1	模型 2
FD	-0.154***	-0.171***
	(-3.797)	(-3.561)
EPA		-0.000***
		(-2.772)
FD×EPA		0.000*
		(1.744)
UL	-0.708***	-0.669***
	(-3.475)	(-2.634)
HC	-0.057	-0.108
	(-0.160)	(-0.245)
PGDP	0.221***	0.224*
	(2.709)	(1.937)
IS	0.193***	0.194*
	(3.005)	(1.764)
ER	-0.003***	-0.002**
	(-3.038)	(-2.086)
OPEN	0.004	0.008
	(0.332)	(0.649)
Constant	3.336***	3.311**
	(3.003)	(2.219)
R-squared	0.462	0.471
Observations	261	261
Province Fixed Effect	YES	YES
Year Fixed Effect	YES	YES

注：*** 表示 $p<0.01$，** 表示 $p<0.05$，* 表示 $p<0.1$，括号内为 t 值。

表 6-13 给出了环境关注度对财政分权通过地方政府环境信息公开影响生态环境多主体协同治理水平的调节影响结果。遵循三步法的检验步骤：第一步，检验财政分权、财政分权和环境关注度的交互项对生态环境多主体协同治理水平的影响。由模型 1 可知，财政分权对生态环境多主体协同治理水平具有显著的负向影响（$\beta_{11}=-0.171$，$p=0.000<0.1$），而财政分权和环境关注度的交互项对生态环境多主体协同治理水平具有显著的正向影响（$\beta_{13}=0.00007$，$p=0.092<0.1$）。第二步，检验财政分权、财政分权和环境关注度的交互项对地方政府环境信息公开的影响。由模型 2 可知，财政分权对地方政府环境信息公开的影响不显著（$\beta_{21}=1.266$，$p=0.796>0.1$），财政分权和环境关注度的交互项对地方政府环境信息公开的影响不显著（$\beta_{23}=-0.003$，$p=0.569>0.1$）。第三步，在控制财政分权、环境关注度、财政分权和环境关注度交互作用的基础上，检验地方政府环境信息公开对生态环境多主体协同治理水平的影响。由模型 3 可知，地方政府环境信息公开对生态环境多主体协同治理水平的影响不显著（$\beta_{32}=0.001$，$p=0.188>0.1$）。上述检验结果表明，环境关注度无法调节地方政府环境信息公开在财政分权与生态环境多主体协同治理水平之间的中介作用。

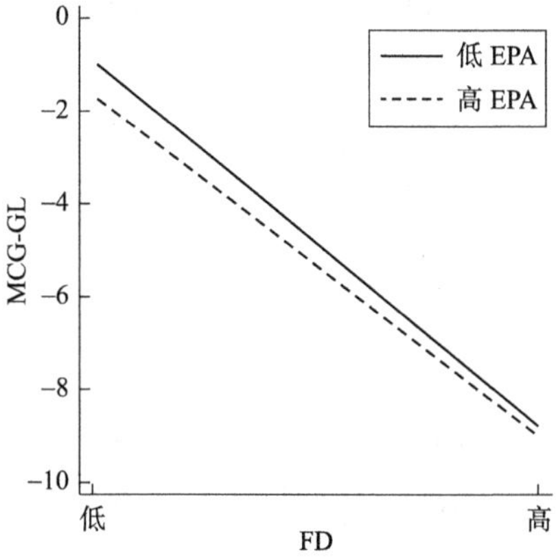

图 6-11　环境关注度对财政分权与生态环境多主体协同治理水平之间关系的调节影响图

表 6-13 基于三步法的财政分权下地方政府环境信息公开有调节的中介作用结果

变量	模型 1（MCG-GL）	模型 2（EID）	模型 3（MCG-GL）
FD	-0.171***	1.266	-0.173***
	(-3.561)	(0.362)	(-3.908)
EPA	-0.000***	0.004	-0.000***
	(-2.772)	(0.165)	(-2.835)
FD×EPA	0.000*	-0.003	0.000*
	(1.744)	(-0.577)	(1.874)
EID			0.001
			(1.521)
UL	-0.669**	60.559***	-0.748***
	(-2.634)	(2.816)	(-2.914)
HC	-0.108	-0.290	-0.107
	(-0.245)	(-0.012)	(-0.241)
PGDP	0.224*	-16.156	0.245**
	(1.937)	(-1.512)	(2.132)
IS	0.194*	-5.390	0.202*
	(1.764)	(-0.801)	(1.855)
ER	-0.002**	1.316	-0.000**
	(-2.086)	(1.043)	(-2.004)
OPEN	0.008	-1.757	0.010
	(0.649)	(-0.735)	(0.904)
Constant	3.311**	-174.633*	3.540**
	(2.219)	(-1.830)	(2.323)
R-squared	0.471	0.665	0.477
Observations	261	261	261
Province Fixed Effect	YES	YES	YES
Year Fixed Effect	YES	YES	YES

注：*** 表示 $p<0.01$，** 表示 $p<0.05$，* 表示 $p<0.1$，括号内为 t 值。

同样地，本书进一步采取 Sobel 法和 Bootstrap 法（迭代 1000 次）对环境关注度调节地方政府环境信息公开在财政分权与生态环境多主体协同治理水平之间的中介作用进行补充检验，相关检验结果分别见表 6-14 和表 6-15。由表 6-14 可知直接效应显著（Direct effect=-0.218，$p=0.011<0.1$），但间接效应不显著（Indirect effect=0.009，$p=0.393>0.1$）；表 6-15 分别给出了低晋升激励（均值减一个标准差）、中晋升激励（均值）和高晋升激励（均值加一个标准差）情况下，地方政府环境信息公开有调节的中介影响检验结果，可以看出 3 种情况下的估计系数基本保持不变，相应的 p 值均大于 0.1，且 95% 置信区间均包含 0 值。综上，Sobel 法和 Bootstrap 法再一次验证了环境关注度无法调节地方政府环境信息公开在财政分权与生态环境多主体协同治理水平之间的中介作用，假设 H4a-2 未能得到支持。同第 6.2.1 节的分析，本书认为出现上述结果可能是因为，在研究期内，地方政府环境信息公开在财政分权与生态环境多主体协同治理水平之间的中介影响不显著，环境关注度无法在中介影响不显著的情况下对其进行调节。

表 6-14　基于 Sobel 法的财政分权下地方政府环境信息公开有调节的中介作用结果

变量	系数	标准误	z 值	p 值
α_1	1.266	3.501	0.362	0.717
b_1	0.001	0.001	1.521	0.188
Indirect effect	0.002	0.005	0.352	0.725
Direct effect	-0.173	0.044	-3.908	0.000
Total effect	-0.171	0.044	-3.860	0.000

表 6-15　基于 Bootstrap 法的财政分权下地方政府环境信息公开有调节的中介作用检验结果

分组统计	系数	标准误	p 值	95% 置信区间	
低环境关注度（-1sd）	0.002	0.006	0.799	-0.010	0.013
中环境关注度（mean）	0.002	0.005	0.843	-0.009	0.012
高环境关注度（+1sd）	0.002	0.005	0.897	-0.009	0.011

6.3.2 环境分权下环境关注度的调节影响检验

本节将具体对环境分权下环境关注度的调节影响进行检验，包括环境关注度对环境分权与生态环境多主体协同治理水平之间关系的调节影响，以及环境关注度对环境分权通过地方政府环境信息公开影响生态环境多主体协同治理水平的调节作用，相关概念框架如图 6-12 所示。

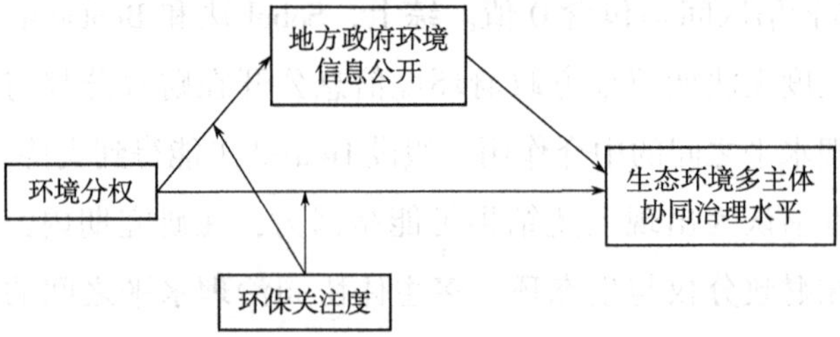

图 6-12 环境分权下环境关注度调节影响的概念框架

首先，表 6-16 给出了环境关注度对环境分权与生态环境多主体协同治理水平之间关系的调节影响结果。模型 1 是环境分权对生态环境多主体协同治理水平的直接影响结果。结果表明，环境分权对生态环境多主体协同治理水平具有显著的负向影响。该结果与第 4.2.2 节的结果一致。模型 2 在模型 1 的基础上，考虑了环境关注度对上述二者之间关系的调节影响。可以发现，环境分权与环境关注度的交互项对生态环境多主体协同治理水平具有显著的正向影响（$\beta_3=0.003$，$p=0.078<0.1$）。结合模型 1 环境分权对生态环境多主体协同治理水平为显著的负向影响的结果可知，环境关注度对环境分权与生态环境多主体协同治理水平之间的关系为负向调节影响（模型 1 与模型 2 的检验结果符号相反），即环境关注度减弱了环境分权对生态环境多主体协同治理水平的不利影响。因环境分权对生态环境多主体协同治理水平的影响为线性（非倒 U 形），故本节的研究结果部分支持了假设 H4b-1。此处绘制了图 6-13，以更直观地呈现环境关注度对环境分权与生态环境多主体协同治理水平之间关系的调节影响效应。从图 6-13 中可以看

出，随着环境关注度（EPA）的提升，环境分权（ED）对生态环境多主体协同治理水平（MCG-GL）的不利影响逐渐减弱。

表 6-16　环境关注度对环境分权与生态环境多主体协同治理水平之间关系的调节影响结果

变量	模型 1	模型 2
ED	−0.079*	−0.020*
	(−1.885)	(−1.816)
EPA		0.000
		(0.192)
ED×EPA		0.003*
		(1.832)
UL	−0.474**	−0.520*
	(−2.291)	(−1.844)
HC	−0.025	−0.014
	(−0.070)	(−0.030)
PGDP	0.109**	0.097
	(2.130)	(0.982)
IS	0.237***	0.254**
	(3.630)	(2.188)
ER	−0.013**	−0.009**
	(−1.978)	(−2.467)
OPEN	0.008	0.015
	(0.573)	(1.245)
Constant	2.410**	2.514*
	(2.108)	(1.741)
R-squared	0.436	0.451
Observations	261	261
Province Fixed Effect	YES	YES
Year Fixed Effect	YES	YES

注：*** 表示 $p<0.01$，** 表示 $p<0.05$，* 表示 $p<0.1$，括号内为 t 值。

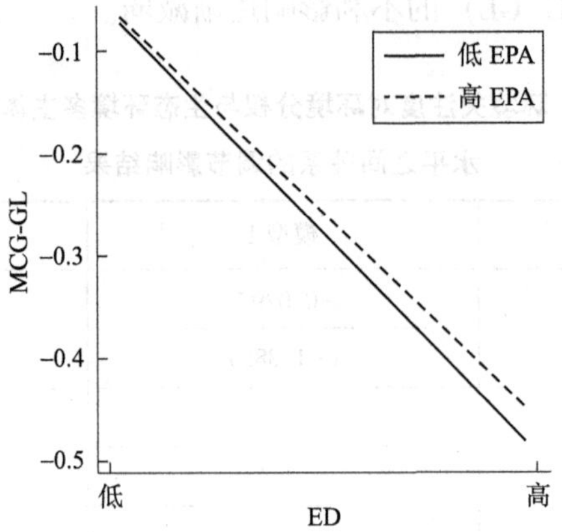

图 6-13 环境关注度对环境分权与生态环境多主体协同治理水平之间关系的调节影响图

表 6-17 给出了环境关注度对环境分权通过地方政府环境信息公开影响生态环境多主体协同治理水平的调节影响结果。遵循三步法的检验步骤：第一步，检验环境分权、环境分权和环境关注度的交互项对生态环境多主体协同治理水平的影响。由模型 1 可知，环境分权对生态环境多主体协同治理水平具有显著的负向影响（$\beta_{11}=-0.020$，$p=0.081<0.1$），环境分权和晋升激励的交互项对生态环境多主体协同治理水平具有显著的正向影响（$\beta_{13}=0.003$，$p=0.078<0.1$）。第二步，检验环境分权、环境分权和环境关注度的交互项对地方政府环境信息公开的影响。由模型 2 可知，环境分权对地方政府环境信息公开存在显著的正向影响（$\beta_{21}=1.329$，$p=0.026<0.01$），环境分权和环境关注度的交互项对地方政府环境信息公开具有显著的正向影响（$\beta_{23}=0.014$，$p=0.058<0.1$）。第三步，在控制环境分权、环境关注度、环境分权和环境关注度交互作用的基础上，检验地方政府环境信息公开对生态环境多主体协同治理水平的影响。由模型 3 可知，地方政府环境信息公开对生态环境多主体协同治理水平具有显著的正向影响（$\beta_{32}=0.004$，$p=0.061<0.1$）。上述结果表明，环境关注度能够调节地方政府环境信息公开在环境分权与生态环境多主体协同治理水平之间的中介影响。

表6-17 基于三步法的环境分权下地方政府环境信息公开有调节的中介作用结果

变量	模型1（MCG-GL）	模型2（EID）	模型3（MCG-GL）
ED	-0.020*	1.329**	-0.024**
	(-1.816)	(2.290)	(-2.383)
EPA	0.000	-0.014	0.000
	(0.192)	(-0.654)	(0.330)
ED×EPA	0.003*	0.014*	0.005*
	(1.832)	(1.860)	(1.902)
EID			0.004*
			(1.853)
UL	-0.520*	62.473***	-0.606**
	(-1.844)	(3.143)	(-2.155)
HC	-0.014	-3.580	-0.009
	(-0.030)	(-0.140)	(-0.020)
PGDP	0.097**	-15.369*	0.119**
	(1.982)	(-1.899)	(2.251)
IS	0.254**	-6.253	0.263**
	(2.188)	(-0.870)	(2.282)
ER	-0.009**	1.336	-0.011*
	(-2.467)	(1.103)	(-1.752)
OPEN	0.015	-1.871	0.017
	(1.245)	(-0.759)	(1.534)
Constant	2.514*	-172.911*	2.752*
	(1.741)	(-1.902)	(1.853)
R-squared	0.451	0.665	0.457
Observations	261	261	261
Province Fixed Effect	YES	YES	YES
Year Fixed Effect	YES	YES	YES

注：*** 表示 $p<0.01$，** 表示 $p<0.05$，* 表示 $p<0.1$，括号内为 t 值。

与第6.2.2节的处理类似，本书将基于Bootstrap法更清晰地呈现此处地方政府环境信息公开有调节的中介作用。表6-18给出了Bootstrap法迭代1000次的检验结果。可以发现，随着环境关注度的提升，地方政府环境信息公开中介影响的系数逐渐增加，低晋升激励、中晋升激励和高晋升激励下的系数分别为0.0047、0.0049和0.0052，相应的p值均小于0.1，且95%置信区间均不包含0。上述检验结果说明，环境关注度能够正向调节地方政府环境信息公开在环境分权与生态环境多主体协同治理水平之间的中介影响，该结果支持了假设H4b-2。结合4.2.2节主效应的检验结果和5.2.2节中介效应的检验结果可知，本节的研究结果说明，在研究期内，环境关注度可以强化地方政府环境信息公开在环境分权影响生态环境多主体协同治理水平中的遮掩效应。

表6-18 基于Bootstrap法的环境分权下地方政府环境信息公开有调节的中介作用结果

分组统计	系数	标准误	p值	95%置信区间	
低环境关注度（-1sd）	0.0047	0.003	0.072	0.042	0.105
中环境关注度（mean）	0.0049	0.003	0.070	0.037	0.108
高环境关注度（+1sd）	0.0052	0.003	0.058	0.038	0.157

注：为区分系数间的细微大小，表6-18中的系数列特别保留了4位小数。

6.3.3 财政-环境分权交互作用下环境关注度的调节影响检验

本节将具体对财政-环境分权交互作用下环境关注度的调节影响进行检验，包括环境关注度对财政-环境分权交互作用与生态环境多主体协同治理水平之间关系的调节影响检验，以及环境关注度对财政-环境分权交互作用通过地方政府环境信息公开影响生态环境多主体协同治理水平的调节影响检验，相关概念框架如图6-14所示。

首先，表6-19给出了环境关注度对财政-环境分权交互作用与生态环境多主体协同治理水平之间关系的调节影响结果。模型1是财政-环境分权

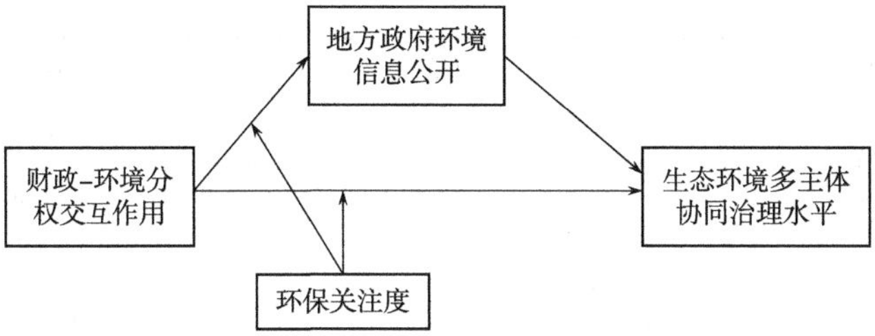

图 6-14　财政-环境分权交互作用下环境关注度调节影响的概念框架

交互作用对生态环境多主体协同治理水平的直接影响结果。结果表明，财政-环境分权交互作用对生态环境多主体协同治理水平具有显著的负向影响，与第 4. 2. 3 节的结果一致。模型 2 在模型 1 的基础上，考虑了环境关注度对上述二者之间关系的调节影响。由模型 2 可知，财政-环境分权交互作用和环境关注度的交互项对生态环境多主体协同治理水平具有显著的正向影响（$\beta_3=0.012$，$p=0.078<0.1$）。结合模型 1 财政-环境交互作用分权对生态环境多主体协同治理水平为显著的负向影响的结果可知，环境关注度对财政-环境分权交互作用与生态环境多主体协同治理水平之间的关系为负向调节影响（模型 1 与模型 2 的检验结果符号相反），即环境关注度能够缓解财政-环境分权交互作用对生态环境多主体协同治理水平的不利影响。因财政-环境分权交互作用对生态环境多主体协同治理水平的影响为线性（非倒 U 形），故该结论部分支持了假设 H4c-1。此处绘制了图 6-15，以更直观地呈现环境关注度对环境分权与生态环境多主体协同治理水平之间关系的调节影响效应。可以发现随着环境关注度（EPA）的提升，财政-环境分权交互作用（FD×ED）对生态环境多主体协同治理水平（MCG-GL）的不利影响逐渐减弱。

表 6-19　环境关注度对财政-环境分权交互作用与生态环境多主体协同治理水平之间关系的调节影响检验结果

变量	模型 1	模型 2
FD×ED	-0. 046 **	-0. 073 *
	(-2. 775)	(-1. 831)

续表

变量	模型 1	模型 2
EPA		-0.000
		(-1.555)
FD×ED×EPA		0.012*
		(1.851)
UL	-0.493**	-0.505*
	(-2.432)	(-1.729)
HC	-0.067	-0.072
	(-0.188)	(-0.151)
PGDP	0.150*	0.076
	(1.721)	(0.757)
IS	0.229***	0.246**
	(3.548)	(2.100)
ER	-0.010***	-0.007**
	(-3.774)	(-2.323)
OPEN	0.007	0.014
	(0.493)	(1.156)
Constant	2.497**	2.583*
	(2.227)	(1.779)
R-squared	0.446	0.443
Observations	261	261
Province Fixed Effect	YES	YES
Year Fixed Effect	YES	YES

注：*** 表示 $p<0.01$，** 表示 $p<0.05$，* 表示 $p<0.1$，括号内为 t 值。

表 6-20 给出了环境关注度对财政-环境分权交互作用通过地方政府环境信息公开影响生态环境多主体协同治理水平的调节影响结果。遵循三步法的检验步骤：第一步，检验财政-环境分权交互作用、财政-环境分权交互作用和环境关注度的交互项对生态环境多主体协同治理水平的影响。由模型 1 可知，财政-环境分权交互作用对生态环境多主体协同治理水平具有显著的负向

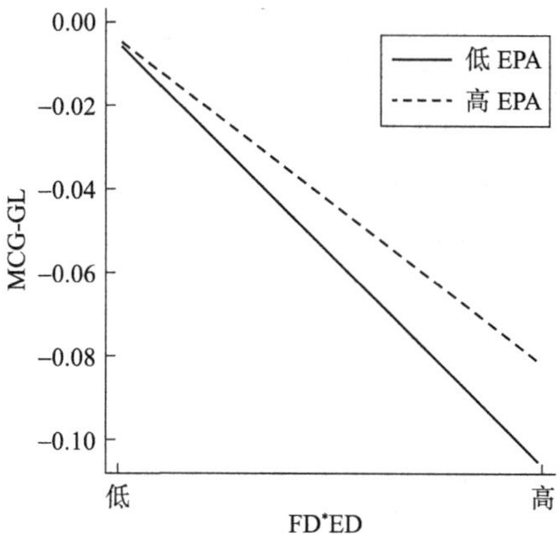

图 6-15　环境关注度对财政-环境分权交互作用与生环境多主体协同治理水平的调节影响图

影响（$\beta_{11}=-0.073$，$p=0.065<0.1$），财政-环境分权交互作用和环境关注度的交互项对生态环境多主体协同治理水平具有显著的正向影响（$\beta_{13}=0.012$，$p=0.078<0.1$）。第二步，检验财政-环境分权交互作用、财政-环境分权交互作用与环境关注度的交互项对地方政府环境信息公开的影响。由模型 2 可知，财政-环境分权交互作用对地方政府环境信息公开的影响不显著（$\beta_{21}=2.247$，$p=0.181>0.1$），财政-环境分权交互作用和环境关注度的交互项对地方政府环境信息公开的影响不显著（$\beta_{23}=0.0001$，$p=0.971>0.1$）。第三步，在控制财政-环境分权交互作用、环境关注度以及财政-环境分权交互作用和环境关注度交互项的基础上，检验地方政府环境信息公开对生态环境多主体协同治理水平的影响。由模型 3 可知，地方政府环境信息公开对生态环境多主体协同治理水平的影响不显著（$\beta_{32}=0.001$，$p=0.132>0.1$）。上述结果表明，环境关注度无法调节地方政府环境信息公开在财政-环境分权交互作用与生态环境多主体协同治理水平之间的中介影响。

表 6-20　基于三步法财政-环境分权交互作用下地方政府环境信息公开有调节的中介作用结果

变量	模型 1（MCG-GL）	模型 2（EID）	模型 3（MCG-GL）
FD×ED	-0.073*	2.247	-0.076*
	(-1.831)	(1.038)	(-1.908)

续表

变量	模型 1（MCG-GL）	模型 2（EID）	模型 3（MCG-GL）
EPA	-0.000	-0.005	-0.000
	(-1.555)	(-0.328)	(-1.552)
FD×ED×EPA	0.012*	0.000	-0.000*
	(1.851)	(0.036)	(-1.803)
EID			0.001
			(1.534)
UL	-0.505*	59.392***	-0.585**
	(-1.729)	(2.910)	(-2.019)
HC	-0.072	-3.223	-0.067
	(-0.151)	(-0.130)	(-0.140)
PGDP	0.076	-16.176**	0.098
	(0.757)	(-1.993)	(1.033)
IS	0.246**	-5.689	0.253**
	(2.100)	(-0.804)	(2.179)
ER	-0.007**	1.521	-0.009*
	(-2.323)	(1.235)	(-1.832)
OPEN	0.014	-1.612	0.016
	(1.156)	(-0.646)	(1.407)
Constant	2.583*	-165.403*	2.806*
	(1.779)	(-1.743)	(1.880)
R-squared	0.443	0.667	0.449
Observations	261	261	261
Province Fixed Effect	YES	YES	YES
Year Fixed Effect	YES	YES	YES

注：***表示 $p<0.01$，**表示 $p<0.05$，*表示 $p<0.1$，括号内为 t 值。

同样地，本书进一步采取 Sobel 法和 Bootstrap 法（迭代 1000 次）对环境关注度调节地方政府环境信息公开在财政-环境分权交互作用与生态环境多主体协同治理水平之间的中介作用进行补充检验，相关检验结果见

表6-21和表6-22。由表6-21可知，直接效应显著（Direct effect=-0.076，$p=0.034<0.1$），但间接效应不显著（Indirect effect = 0.003，$p = 0.725>0.1$）；表6-22分别给出了在低环境关注度（均值减一个标准差）、中环境关注度（均值）和高环境关注度（均值加一个标准差）情况下，地方政府环境信息公开中介影响的检验结果。可以看出，3种情况下的估计系数基本保持不变，相应的p值均小于0.1，且95%置信区间均包含0值。综上，Sobel法和Bootstrap法再一次验证了环境关注度无法调节地方政府环境信息公开在财政-环境分权交互作用与生态环境多主体协同治理水平之间的中介影响，假设H4c-2未得到支持。同第6.2.1节，本书认为出现上述结果可能是因为，在研究期内，地方政府环境信息公开无法中介财政-环境分权交互作用与生态环境多主体协同治理水平之间的关系，环境关注度无法在中介影响不显著的情况下对其进行调节。

表6-21 基于Sobel财政-环境分权交互作用下地方政府环境信息公开有调节的中介作用结果

变量	系数	标准误	z值	p值
α_1	2.247	2.354	1.038	0.294
b_1	0.001	0.001	1.534	0.131
Indirect effect	0.003	0.004	0.862	0.325
Direct effect	-0.076	0.031	-1.908	0.034
Total effect	-0.073	0.031	-1.860	0.044

表6-22 基于Bootstrap法的财政-环境分权交互作用下地方政府环境信息公开有调节的中介作用结果

分组统计	系数	标准误	p值	95%置信区间	
低环境关注度（-1sd）	0.003	0.004	0.339	-0.005	0.011
中环境关注度（mean）	0.003	0.004	0.303	-0.004	0.010
高环境关注度（+1sd）	0.003	0.004	0.317	-0.004	0.011

6.4 晋升激励与环境关注度调节影响的稳健性检验

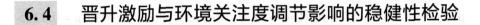

类似第 4.3 节，为保证上述检验结果的稳健性，本节综合采用了替换自变量法、变换模型估计法及滞后自变量法 3 种稳健性检验方法。3 种方法的前人研究经验、含义、处理方式同第 4.3 节，下文不再赘述。相关稳健性检验的结果和分析如下。

6.4.1 晋升激励调节影响的稳健性检验

首先，将检验财政分权下晋升激励调节影响结果的稳健性。

表 6-23 给出了晋升激励对财政分权与生态环境多主体协同治理水平关系调节影响的 3 种稳健性检验结果。相关结果均显示，晋升激励对财政分权与生态环境多主体协同治理水平之间的关系为正向调节影响，证明了前文研究结果的稳健性。

表 6-23 晋升激励对财政分权与生态环境多主体协同治理水平间关系的调节影响稳健性结果

变量	替换自变量法	变换模型估计法	滞后自变量法
FD	-0.145***	-0.154**	-0.228**
	(-3.251)	(-2.467)	(-2.240)
PI	-0.125	-0.161***	-0.064
	(-1.212)	(-2.737)	(-0.953)
FD×PI	-0.327*	-0.271*	-0.321**
	(-1.760)	(-1.903)	(-2.139)
UL	-0.716***	-0.176	-0.564**
	(-3.511)	(-1.013)	(-2.333)
HC	-0.100	0.073	-0.242
	(-0.283)	(0.281)	(-0.636)

续表

变量	替换自变量法	变换模型估计法	滞后自变量法
PGDP	0.265***	0.214***	0.172*
	(3.078)	(3.959)	(1.795)
IS	0.197***	0.157***	0.233***
	(3.073)	(3.959)	(3.242)
ER	-0.002**	-0.008*	-0.006**
	(-2.180)	(-1.747)	(-2.410)
OPEN	0.004	-0.003	0.004
	(0.273)	(-0.340)	(0.276)
Constant	3.354***	0.698	3.015**
	(3.023)	(0.935)	(2.357)
sigma_u		0.101***	
		(6.262)	
sigma_e		0.084***	
		(21.188)	
R-squared	0.468		0.444
Observations	261	261	232
Province Fixed Effect	YES		YES
Year Fixed Effect	YES		YES

注：*** 表示 $p<0.01$，** 表示 $p<0.05$，* 表示 $p<0.1$，括号内为 t 值。

表 6-24 给出了晋升激励对财政分权通过地方政府环境信息公开影响生态环境多主体协同治理水平的调节作用的 3 种稳健性检验结果。可以发现，3 种稳健性检验均显示，晋升激励无法调节地方政府环境信息公开在财政分权与生态环境多主体协同治理水平之间的中介作用，证明了前文结论的稳健性。

表 6-24 财政分权下地方政府环境信息公开有调节的中介作用稳健性检验结果

变量	替换自变量法		变换模型估计法		滞后自变量法	
	EID	MCG-GL	EID	MCG-GL	EID	MCG-GL
FD	0.652	-0.145***	-6.032	-0.155**	3.758	-0.190***
	(0.188)	(-3.273)	(-0.964)	(-2.071)	(0.964)	(-3.598)
PI	-10.331	-0.114	-8.462	-0.162***	-16.403*	0.166
	(-1.283)	(-1.096)	(-1.440)	(-2.741)	(-1.898)	(1.402)
FD×PI	-0.396	0.027	4.551	-0.071	3.587	-0.177**
	(-0.068)	(0.367)	(0.375)	(-0.600)	(0.562)	(-2.042)
EID		0.001		-0.000		0.001
		(1.294)		(-0.172)		(1.279)
UL	63.599***	-0.788***	50.025***	-0.168	58.970***	-0.872***
	(4.006)	(-3.733)	(2.701)	(-0.934)	(3.208)	(-3.413)
HC	-7.002	-0.092	-29.458	0.073	-3.042	-0.166
	(-0.254)	(-0.261)	(-1.094)	(0.280)	(-0.110)	(-0.444)
PGDP	-11.279*	0.277***	7.111	0.214***	-14.743**	0.254***
	(-1.684)	(3.211)	(1.289)	(3.964)	(-2.104)	(2.647)
IS	-4.384	0.202***	6.135	0.157***	-3.156	0.235***
	(-0.877)	(3.150)	(1.465)	(3.965)	(-0.607)	(3.333)
ER	1.376	-0.001	-1.808*	-0.008*	0.861	-0.005**
	(1.380)	(-0.058)	(-1.658)	(-1.732)	(0.851)	(-2.369)
OPEN	-1.816*	0.006	0.396	-0.003	-1.481	0.006
	(-1.732)	(0.423)	(0.443)	(-0.351)	(-1.297)	(0.417)
Constant	-181.839**	3.560***	-105.228	0.671	-169.565*	4.130***
	(-2.104)	(3.181)	(-1.130)	(0.881)	(-1.799)	(3.210)
sigma_u			6.398***	0.101***		
			(4.102)	(6.247)		
sigma_e			8.807***	0.084***		
			(19.988)	(21.182)		
R-squared	0.672	0.473			0.712	0.466

续表

变量	替换自变量法		变换模型估计法		滞后自变量法	
	EID	MCG-GL	EID	MCG-GL	EID	MCG-GL
Observations	261	261	261	261	232	232
Province Fixed Effect	YES	YES			YES	YES
Year Fixed Effect	YES	YES			YES	YES

注：*** 表示 $p<0.01$，** 表示 $p<0.05$，* 表示 $p<0.1$，括号内为 t 值。

接着，将检验环境分权下晋升激励调节影响结果的稳健性。

表 6-25 给出了晋升激励对环境分权与生态环境多主体协同治理水平之间关系调节影响的 3 种稳健性检验结果。可以看出，在变换模型估计法和滞后自变量法的情形下，晋升激励对环境分权与生态环境多主体协同治理水平具有显著的负向调节影响；然而，在替换自变量的情形下，晋升激励对二者关系的调节效应不显著，但依然为负向调节影响。出现上述结果的原因可能是指标计算方法变更而引起的结果误差。总的来说，环境分权下晋升激励的调节影响结果是“较稳健”的。

表 6-25　晋升激励对环境分权与生态环境多主体协同治理水平间关系的调节影响稳健性结果

变量	替换自变量法	变换模型估计法	滞后自变量法
ED	-0.471**	-0.246**	-0.344***
	(-2.220)	(-2.163)	(-3.404)
ED	-0.471**	-0.246**	-0.344***
	(-2.220)	(-2.163)	(-3.404)
PI	-0.113	-0.559*	-0.510
	(-1.069)	(-1.904)	(-1.533)
ED×PI	0.551	0.297**	0.421**
	(0.859)	(1.983)	(2.235)
UL	-0.466**	-0.303*	-0.501**
	(-2.280)	(-1.801)	(-2.008)

续表

变量	替换自变量法	变换模型估计法	滞后自变量法
HC	-0.087	-0.031	-0.153
	(-0.242)	(-0.119)	(-0.398)
PGDP	0.148*	0.181***	0.075
	(1.815)	(3.344)	(0.927)
IS	0.245***	0.190***	0.220***
	(3.789)	(4.688)	(3.038)
ER	-0.013**	-0.002**	-0.011*
	(-2.009)	(-2.211)	(-1.796)
OPEN	0.010	-0.007	0.008
	(0.714)	(-0.742)	(0.520)
Constant	2.449**	2.010***	3.135**
	(2.146)	(2.803)	(2.379)
sigma_u		0.106***	
		(6.145)	
sigma_e		0.085***	
		(21.108)	
R-squared	0.454		0.434
Observations	261	261	232
Province Fixed Effect	YES		YES
Year Fixed Effect	YES		YES

注：*** 表示 $p<0.01$，** 表示 $p<0.05$，* 表示 $p<0.1$，括号内为 t 值。

表 6-26 给出了晋升激励对环境分权通过地方政府环境信息公开影响生态环境多主体协同治理水平的调节作用的 3 种稳健性检验结果。可以发现，3 种稳健性检验均显示，晋升激励能强化地方政府环境信息公开在环境分权与生态环境多主体协同治理水平之间的遮掩效应，证明了前文结论的稳健性。

表 6-26　环境分权下地方政府环境信息公开有调节的中介作用稳健性检验结果

变量	替换自变量法		变换模型估计法		滞后自变量法	
	EID	MCG-GL	EID	MCG-GL	EID	MCG-GL
ED	4.281*	-0.183*	4.179**	-0.193**	6.403**	-0.338**
	(1.788)	(-1.752)	(2.208)	(-2.489)	(2.363)	(-2.377)
PI	-26.732	0.037	-18.435	-0.488	-30.973	-0.479
	(-1.444)	(0.151)	(-0.628)	(-1.628)	(-1.295)	(-1.433)
ED×PI	1.845*	-0.369	0.120*	0.225*	1.663*	0.408
	(1.609)	(-0.782)	(1.804)	(1.724)	(1.750)	(1.197)
EID		0.006*		0.000**		0.005*
		(1.719)		(2.469)		(1.891)
UL	65.800***	-0.469**	30.581**	-0.333*	51.618***	-0.553**
	(3.977)	(-2.084)	(2.042)	(-1.878)	(2.877)	(-2.169)
HC	-4.249	-0.143	-39.012*	0.025	-4.431	-0.149
	(-0.153)	(-0.394)	(-1.787)	(0.091)	(-0.160)	(-0.386)
PGDP	-10.353*	0.157*	8.948*	0.172***	-12.678**	0.088
	(-1.690)	(1.936)	(1.722)	(3.113)	(-2.179)	(1.071)
IS	-4.698	0.231***	7.687**	0.200***	-3.202	0.223***
	(-0.950)	(3.558)	(2.141)	(4.822)	(-0.615)	(3.079)
ER	1.526	-0.005**	-2.510**	-0.002**	1.049	-0.012*
	(1.538)	(-2.405)	(-2.404)	(-2.142)	(1.042)	(-1.869)
OPEN	-1.913*	0.007	0.479	-0.007	-1.493	0.010
	(-1.816)	(0.483)	(0.629)	(-0.686)	(-1.304)	(0.612)
Constant	-169.694*	2.653**	11.964	1.952***	-112.500	3.248**
	(-1.934)	(2.284)	(0.190)	(2.612)	(-1.187)	(2.455)
sigma_u			4.996***	0.112***		
			(4.334)	(6.105)		
sigma_e			9.060***	0.086***		
			(20.742)	(20.920)		

续表

变量	替换自变量法		变换模型估计法		滞后自变量法	
	EID	MCG-GL	EID	MCG-GL	EID	MCG-GL
R-squared	0.672	0.448			0.712	0.437
Observations	261	261	261	261	232	232
Province Fixed Effect	YES	YES			YES	YES
Year Fixed Effect	YES	YES			YES	YES

注：*** 表示 $p<0.01$，** 表示 $p<0.05$，* 表示 $p<0.1$，括号内为 t 值。

最后，将检验财政-环境分权交互作用下晋升激励调节影响结果的稳健性。

表 6-27 给出了晋升激励对财政-环境分权交互作用与生态环境多主体协同治理水平之间关系调节影响的 3 种稳健性检验结果。3 种稳健性检验结果均说明，晋升激励无法调节财政-环境分权交互作用与生态环境多主体协同治理水平之间的关系，证明了前文研究结果的稳健性。

表 6-27 晋升激励对财政-环境分权交互作用与生态环境多主体协同治理水平之间关系的调节影响稳健性检验结果

变量	替换自变量法	变换模型估计法	滞后自变量法
FD×ED	-0.097*	-0.048**	-0.157**
	(-1.853)	(-2.528)	(-2.474)
PI	-0.252	-0.200*	-0.283
	(-1.408)	(-1.708)	(-1.477)
FD×ED×PI	0.070	0.040	0.188
	(0.462)	(0.357)	(1.414)
UL	-0.495*	-0.202	-0.518*
	(-1.942)	(-1.179)	(-1.795)
HC	-0.115	0.125	-0.196
	(-0.273)	(0.474)	(-0.380)

续表

变量	替换自变量法	变换模型估计法	滞后自变量法
PGDP	0.201*	0.178***	0.069
	(1.934)	(3.341)	(0.663)
IS	0.234**	0.182***	0.226*
	(2.018)	(4.784)	(1.782)
ER	-0.008	-0.006**	-0.011*
	(-0.400)	(-2.548)	(-1.848)
OPEN	0.006	0.001	0.008
	(0.541)	(0.063)	(0.637)
Constant	2.717**	0.986	3.130**
	(1.988)	(1.322)	(2.196)
sigma_u		0.103***	
		(6.197)	
sigma_e		0.084***	
		(21.144)	
R-squared	0.455		0.435
Observations	261	261	232
Province Fixed Effect	YES		YES
Year Fixed Effect	YES		YES

注：*** 表示 $p<0.01$，** 表示 $p<0.05$，* 表示 $p<0.1$，括号内为 t 值。

表6-28给出了晋升激励对财政-环境分权交互作用通过地方政府环境信息公开影响生态环境多主体协同治理水平的调节作用的3种稳健性检验结果。替换自变量法、变换模型估计法、滞后自变量法的稳健性检验结果均表明，晋升激励无法调节地方政府环境信息公开在财政-环境分权交互作用与生态环境多主体协同治理水平之间的中介作用。该结构与前文的研究结果一致，表明了前文的研究结果是稳健的。

表 6-28　财政-环境分权交互作用下地方政府环境信息公开有调节的中介作用稳健性结果

变量	替换自变量法		变换模型估计法		滞后自变量法	
	EID	MCG-GL	EID	MCG-GL	EID	MCG-GL
FD×ED	2.970	-0.071*	5.627	-0.064**	2.813	-0.161*
	(0.688)	(-1.719)	(0.470)	(-2.517)	(0.288)	(-1.700)
PI	-10.438**	-0.092	-16.140*	-0.264***	-17.551**	-0.133
	(-2.050)	(-1.517)	(-1.728)	(-2.752)	(-2.136)	(-1.123)
FD×ED×PI	0.726	0.105	3.516	0.034	2.100	0.304
	(0.105)	(0.959)	(0.203)	(0.200)	(0.898)	(1.268)
EID		0.001		0.000		0.001
		(1.203)		(0.196)		(1.146)
UL	59.120***	-0.509*	37.555**	-0.209	45.255**	-0.564**
	(3.166)	(-1.929)	(2.423)	(-1.183)	(2.116)	(-2.007)
HC	-9.908	-0.025	-39.345*	0.086	-5.550	-0.188
	(-0.387)	(-0.059)	(-1.716)	(0.328)	(-0.187)	(-0.351)
PGDP	-13.520	0.242**	9.071*	0.211***	-17.304**	0.162
	(-1.299)	(2.136)	(1.699)	(3.921)	(-2.444)	(1.425)
IS	-4.303	0.230**	7.290*	0.146***	-3.120	0.234*
	(-0.660)	(2.026)	(1.924)	(3.501)	(-0.473)	(1.902)
ER	1.553	-0.013*	-2.129**	-0.002	1.081	-0.010**
	(1.411)	(-1.671)	(-2.013)	(-0.153)	(1.082)	(-2.455)
OPEN	-1.766	0.007	0.542	-0.007	-1.499	0.007
	(-0.758)	(0.743)	(0.696)	(-0.726)	(-0.608)	(0.598)
Constant	-154.264	2.192	-22.446	1.067	-84.802	2.967*
	(-1.648)	(1.507)	(-0.322)	(1.408)	(-0.755)	(1.907)
sigma_u			5.176***	0.105***		
			(4.342)	(6.157)		
sigma_e			9.023***	0.084***		
			(20.693)	(21.114)		
R-squared	0.674	0.466			0.719	0.441

续表

变量	替换自变量法		变换模型估计法		滞后自变量法	
	EID	MCG-GL	EID	MCG-GL	EID	MCG-GL
Observations	261	261	261	261	232	232
Province Fixed Effect	YES	YES			YES	YES
Year Fixed Effect	YES	YES			YES	YES

注：*** 表示 $p<0.01$，** 表示 $p<0.05$，* 表示 $p<0.1$，括号内为 t 值。

6.4.2　环境关注度调节影响的稳健性检验

与第 6.4.1 节类似，本节分别对财政分权、环境分权及财政-环境分权交互作用下环境关注度的调节影响结果进行稳健性检验，具体做法同第 6.4.1 节。

首先，本节将检验财政分权下环境关注度调节影响结果的稳健性。

表 6-29 给出了环境关注度对财政分权与生态环境多主体协同治理水平之间关系调节影响的 3 种稳健性检验结果。可以看出，3 种稳健性检验下环境关注度对财政分权与生态环境多主体协同治理水平之间关系具有显著的负向调节影响，证明了前文结果的稳健性。

表 6-29　环境关注度对财政分权与生态环境多主体协同治理水平关系的调节影响稳健性结果

变量	替换自变量法	变换模型估计法	滞后自变量法
FD	-0.188**	-0.122*	-0.075***
	(-2.406)	(-1.957)	(-2.845)
EPA	-0.057	-0.028	-0.025
	(-0.975)	(-1.513)	(-0.410)
FD×EPA	0.006**	0.006*	0.011*
	(2.502)	(1.741)	(1.887)
UL	-0.652***	-0.233	-0.971***
	(-2.857)	(-1.267)	(-3.216)

续表

变量	替换自变量法	变换模型估计法	滞后自变量法
HC	-0.057	-0.235	-0.099
	(-0.160)	(-0.858)	(-0.260)
PGDP	0.224***	0.197***	0.245**
	(2.744)	(3.529)	(2.531)
IS	0.202***	0.212***	0.221***
	(3.102)	(5.101)	(3.079)
ER	-0.000**	-0.005	-0.006**
	(-2.030)	(-0.471)	(-2.444)
OPEN	0.004	0.001	0.005
	(0.310)	(0.075)	(0.352)
Constant	3.361***	0.890	4.278***
	(2.946)	(1.201)	(3.151)
sigma_u		0.108***	
		(6.224)	
sigma_e		0.084***	
		(21.136)	
R-squared	0.465		0.451
Observations	261	261	232
Province Fixed Effect	YES		YES
Year Fixed Effect	YES		YES

注：***表示 $p<0.01$，**表示 $p<0.05$，*表示 $p<0.1$，括号内为 t 值。

表6-30给出了环境关注度对财政分权通过地方政府环境信息公开影响生态环境多主体协同治理水平的调节作用的3种稳健性检验结果。从表6-30中可以发现，虽然变换模型估计法的稳健性检验结果显示，财政分权、财政分权和环境关注度的交互项均正向影响地方政府环境信息公开，但在变换模型估计法、替换自变量法、滞后自变量法的稳健性检验中，地方政府环境信息公开对生态环境多主体协同治理水平的影响均不显著。换句话说，3种稳健性检验结果均说明，环境关注度无法调节地方政府环境信

息公开在财政分权与生态环境多主体协同治理水平之间的中介作用，证明了前文结论的稳健性。

表 6-30　财政分权下地方政府环境信息公开有调节的中介作用稳健性检验结果

变量	替换自变量法		变换模型估计法		滞后自变量法	
	EID	MCG-GL	EID	MCG-GL	EID	MCG-GL
FD	8.331**	-0.009	6.607**	-0.097***	3.419	-0.133**
	(2.589)	(-0.226)	(2.540)	(-3.452)	(0.615)	(-2.183)
EPA	-0.008	-0.000	-0.052***	-0.000***	0.023	0.000
	(-0.492)	(-1.004)	(-3.812)	(-2.642)	(1.104)	(0.075)
FD×EPA	0.006	-0.000	0.012**	0.000	-0.005	-0.000
	(0.339)	(-1.312)	(2.354)	(1.231)	(-1.099)	(-0.604)
EID		0.001		-0.000		0.001
		(1.205)		(-0.508)		(1.514)
UL	49.775**	-0.567*	49.376***	-0.229	50.881*	-0.980***
	(2.329)	(-1.872)	(2.734)	(-1.278)	(1.855)	(-3.504)
HC	2.972	-0.123	-29.329	0.194	1.356	-0.110
	(0.120)	(-0.256)	(-1.053)	(0.719)	(0.046)	(-0.231)
PGDP	-14.729*	0.094	7.713	0.213***	-16.207	0.267*
	(-1.849)	(0.958)	(1.348)	(3.983)	(-1.419)	(1.864)
IS	-5.258	0.241**	11.501***	0.228***	-2.690	0.227*
	(-0.770)	(2.075)	(2.942)	(5.684)	(-0.412)	(1.876)
ER	1.605	-0.007**	-1.700	-0.009*	0.608	-0.007**
	(1.366)	(-2.346)	(-1.586)	(-1.777)	(0.514)	(-2.331)
OPEN	-1.762	0.015	0.753	0.003	-1.044	0.006
	(-0.740)	(1.370)	(0.784)	(0.289)	(-0.423)	(0.506)
Constant	-147.919	2.857*	-89.247	0.851	-141.597	4.374***
	(-1.531)	(1.903)	(-1.028)	(1.175)	(-1.206)	(2.941)
sigma_u			7.164***	0.102***		
			(4.408)	(6.174)		

续表

变量	替换自变量法		变换模型估计法		滞后自变量法	
	EID	MCG-GL	EID	MCG-GL	EID	MCG-GL
sigma_e			8.534***	0.084***		
			(20.104)	(21.131)		
R-squared	0.678	0.445			0.705	0.455
Observations	261	261	261	261	232	232
Province Fixed Effect	YES	YES			YES	YES
Year Fixed Effect	YES	YES			YES	YES

注：*** 表示 $p<0.01$，** 表示 $p<0.05$，* 表示 $p<0.1$，括号内为 t 值。

下面将检验环境分权下环境关注度调节影响结果的稳健性。

表 6-31 给出了环境关注度对环境分权与生态环境多主体协同治理水平之间关系调节作用的 3 种稳健性检验结果。从表 6-31 中可以看出，在替换自变量法、变换模型估计法、滞后自变量法的稳健性检验下，环境关注度对环境分权与生态环境多主体协同治理水平之间的关系均具有显著的负向调节影响。该稳健性检验结果与前文一致，证明了前文结果的稳健性。

表 6-31　环境关注度对环境分权与生态环境多主体协同治理水平关系的调节影响稳健性结果

变量	替换自变量法	变换模型估计法	滞后自变量法
ED	-0.035***	-0.033*	-0.009**
	(-2.620)	(-1.770)	(-2.198)
EPA	-0.010**	-0.021***	-0.032
	(-2.473)	(-3.102)	(-0.910)
ED×EPA	0.000*	0.000***	0.000**
	(1.758)	(2.629)	(2.413)
UL	-0.528*	-0.367**	-0.587*
	(-1.854)	(-2.157)	(-1.855)
HC	-0.025	0.033	-0.161
	(-0.054)	(0.124)	(-0.310)

续表

变量	替换自变量法	变换模型估计法	滞后自变量法
PGDP	0.108	0.194***	0.083
	(1.052)	(3.549)	(0.736)
IS	0.246**	0.247***	0.230*
	(2.116)	(5.639)	(1.752)
ER	-0.010**	-0.001**	-0.009**
	(-2.524)	(-2.066)	(-2.403)
OPEN	0.013	-0.002	0.011
	(1.158)	(-0.254)	(0.842)
Constant	2.540*	1.697**	3.070**
	(1.734)	(2.416)	(2.126)
sigma_u		0.109***	
		(6.207)	
sigma_e		0.085***	
		(21.126)	
R-squared	0.449		0.425
Observations	261	261	232
Province Fixed Effect	YES		YES
Year Fixed Effect	YES		YES

注：*** 表示 $p<0.01$，** 表示 $p<0.05$，* 表示 $p<0.1$，括号内为 t 值。

表 6-32 给出了环境关注度对环境分权通过地方政府环境信息公开影响生态环境多主体协同治理水平的调节作用的 3 种稳健性检验结果。可以发现，3 种稳健性检验结果均表明，环境关注度能强化地方政府环境信息公开在环境分权与生态环境多主体协同治理水平之间的遮掩效应，证明了前文结论的稳健性。

表 6-32 环境分权下地方政府环境信息公开有调节的中介作用稳健性检验结果

变量	替换自变量法		变换模型估计法		滞后自变量法	
	EID	MCG-GL	EID	MCG-GL	EID	MCG-GL
ED	7.885**	-0.556*	1.332*	-0.015**	1.656**	-0.031*
	(2.408)	(-1.760)	(1.925)	(-2.301)	(2.412)	(-1.692)
EPA	0.024	-0.000	-0.041**	-0.000	0.005	-0.000
	(0.663)	(-0.530)	(-2.175)	(-0.415)	(0.264)	(-0.065)
ED×EPA	0.036*	0.000	0.018*	0.000*	0.008**	0.000
	(1.903)	(0.232)	(1.891)	(1.804)	(1.917)	(0.547)
EID		0.011**		0.009*		0.010*
		(1.978)		(1.909)		(1.829)
UL	62.764***	-0.482	32.093**	-0.370**	52.287**	-0.623**
	(3.000)	(-1.673)	(1.979)	(-2.125)	(2.315)	(-1.977)
HC	-0.224	-0.081	-29.251	0.028	-4.241	-0.137
	(-0.009)	(-0.177)	(-1.238)	(0.107)	(-0.139)	(-0.261)
PGDP	-15.162*	0.131**	9.590*	0.186***	-13.910*	0.101
	(-1.833)	(2.358)	(1.732)	(3.409)	(-1.763)	(0.974)
IS	-6.363	0.215*	10.400***	0.254***	-2.466	0.232*
	(-0.912)	(2.003)	(2.649)	(5.739)	(-0.380)	(1.810)
ER	1.494	-0.000**	-1.935*	-0.000**	0.617	-0.010**
	(1.233)	(-2.003)	(-1.871)	(-2.022)	(0.533)	(-2.451)
OPEN	-1.907	0.008	0.448	-0.001	-1.175	0.013
	(-0.811)	(0.767)	(0.513)	(-0.138)	(-0.457)	(1.122)
Constant	-179.248*	2.684*	-23.616	1.740**	-134.897	3.107**
	(-1.743)	(1.827)	(-0.343)	(2.468)	(-1.206)	(2.141)
sigma_u			5.922***	0.110***		
			(4.252)	(6.137)		
sigma_e			8.788***	0.085***		
			(20.291)	(21.084)		
R-squared	0.666	0.453			0.704	0.433

续表

变量	替换自变量法		变换模型估计法		滞后自变量法	
	EID	MCG-GL	EID	MCG-GL	EID	MCG-GL
Observations	261	261	261	261	232	232
Province Fixed Effect	YES	YES			YES	YES
Year Fixed Effect	YES	YES			YES	YES

注：*** 表示 $p<0.01$，** 表示 $p<0.05$，* 表示 $p<0.1$，括号内为 t 值。

最后将检验财政-环境分权交互作用下环境关注度调节影响结果的稳健性。

表 6-33 给出了环境关注度对财政-环境分权交互作用影响生态环境多主体协同治理水平的调节作用的 3 种稳健性检验结果。可以看出在 3 种稳健性检验下，环境关注度对财政-环境分权交互作用与生态环境多主体协同治理水平之间的关系具有显著的负向调节影响，证明了前文研究结果的稳健性。

表 6-33　环境关注度对财政-环境分权交互作用与生态环境多主体协同治理水平之间关系的调节影响稳健性结果

变量	替换自变量法	变换模型估计法	滞后自变量法
FD×ED	-0.039*	-0.042**	-0.017**
	(-1.902)	(-2.326)	(-2.359)
EPA	-0.030	-0.038*	-0.026
	(-0.607)	(-1.665)	(-0.475)
FD×ED×EPA	0.018**	0.034*	0.025***
	(2.282)	(1.706)	(5.530)
UL	-0.601***	-0.305*	-0.540*
	(-2.726)	(-1.724)	(-1.729)
HC	-0.041	0.150	-0.176
	(-0.114)	(0.560)	(-0.345)
PGDP	0.158**	0.207***	0.075
	(2.036)	(3.844)	(0.679)
IS	0.220***	0.217***	0.233*
	(3.430)	(5.237)	(1.783)

续表

变量	替换自变量法	变换模型估计法	滞后自变量法
ER	-0.004**	-0.005	-0.010**
	(-2.347)	(-0.474)	(-2.417)
OPEN	0.009	-0.002	0.011
	(0.640)	(-0.209)	(0.856)
Constant	2.840**	1.205*	2.946**
	(2.489)	(1.706)	(2.090)
sigma_u		0.105***	
		(6.372)	
sigma_e		0.084***	
		(21.221)	
R-squared	0.457		0.427
Observations	261	261	232
Province Fixed Effect	YES		YES
Year Fixed Effect	YES		YES

注：***表示 $p<0.01$，**表示 $p<0.05$，*表示 $p<0.1$，括号内为 t 值。

表6-34给出了环境关注度对财政-环境分权交互作用通过地方政府环境信息公开影响生态环境多主体协同治理水平的调节作用的3种稳健性检验结果。结果均表明，环境关注度无法调节地方政府环境信息公开在财政-环境分权交互作用与生态环境多主体协同治理水平间的中介作用，说明前文结论是稳健的。

表6-34 财政-环境分权交互作用下地方政府环境信息公开有调节的中介作用稳健性结果

变量	替换自变量法		变换模型估计法		滞后自变量法	
	EID	MCG-GL	EID	MCG-GL	EID	MCG-GL
FD×ED	5.942	-0.034*	-1.607	-0.061***	1.203	-0.018**
	(1.354)	(-1.691)	(-0.910)	(-4.291)	(0.887)	(-2.376)
EPA	-0.015	-0.000	-0.025**	-0.000*	0.009	-0.000
	(-0.795)	(-0.075)	(-2.414)	(-1.802)	(0.676)	(-0.572)

续表

变量	替换自变量法		变换模型估计法		滞后自变量法	
	EID	MCG-GL	EID	MCG-GL	EID	MCG-GL
FD×ED×EPA	0. 028	-0. 000	0. 001	-0. 000	0. 000	-0. 000
	(0. 789)	(-1. 638)	(0. 095)	(-0. 943)	(0. 013)	(-0. 525)
EID		0. 002		-0. 000		0. 001
		(1. 264)		(-0. 028)		(1. 223)
UL	50. 793**	-0. 528*	32. 886*	-0. 355**	53. 493**	-0. 607*
	(2. 397)	(-1. 723)	(1. 959)	(-2. 054)	(2. 187)	(-1. 936)
HC	-0. 687	-0. 115	-29. 631	-0. 016	-0. 939	-0. 175
	(-0. 028)	(-0. 241)	(-1. 194)	(-0. 059)	(-0. 030)	(-0. 336)
PGDP	-15. 078*	0. 097	8. 069	0. 182***	-14. 003*	0. 092
	(-1. 908)	(0. 989)	(1. 403)	(3. 304)	(-1. 750)	(0. 886)
IS	-5. 436	0. 235**	11. 469***	0. 258***	-2. 449	0. 236*
	(-0. 765)	(2. 122)	(2. 936)	(5. 880)	(-0. 382)	(1. 844)
ER	1. 399	-0. 007	-1. 917*	-0. 002**	0. 654	-0. 011**
	(1. 168)	(-0. 358)	(-1. 840)	(-2. 155)	(0. 568)	(-2. 458)
OPEN	-1. 685	0. 014	0. 495	-0. 001	-1. 052	0. 012
	(-0. 697)	(1. 264)	(0. 535)	(-0. 095)	(-0. 409)	(1. 050)
Constant	-138. 227	2. 688*	-29. 077	1. 757**	-146. 900	3. 130**
	(-1. 446)	(1. 792)	(-0. 395)	(2. 535)	(-1. 209)	(2. 149)
sigma_u			6. 363***	0. 106***		
			(4. 193)	(6. 168)		
sigma_e			8. 736***	0. 085***		
			(20. 088)	(21. 123)		
R-squared	0. 672	0. 451			0. 703	0. 432
Observations	261	261	261	261	232	232
Province Fixed Effect	YES	YES			YES	YES
Year Fixed Effect	YES	YES			YES	YES

注：*** 表示 $p<0.01$，** 表示 $p<0.05$，* 表示 $p<0.1$，括号内为 t 值。

表 6-35 总结了 3 种稳健性检验的结果。其中，“较稳健”指检验结果

的显著性发生了变化，但正负向影响未发生改变。可以看出，本书的研究结果除假设 H3b-1 在替换自变量法中是“较稳健”的，其余研究结果均是稳健的。

表 6-35 稳健性检验结果汇总

研究假设	替换自变量法	变换模型估计法	滞后自变量法
假设 H3a-1	稳健	稳健	稳健
假设 H3a-2	稳健	稳健	稳健
假设 H3b-1	较稳健	稳健	稳健
假设 H3b-2	稳健	稳健	稳健
假设 H3c-1	稳健	稳健	稳健
假设 H3c-2	稳健	稳健	稳健

6.5 本章小结

本章首先构建了晋升激励与环境关注度的调节影响检验模型，然后进行了相应的假设检验，并通过 3 种方法对研究结果进行了稳健性检验。结果表明，正式制度视角下的晋升激励在研究期内正向调节财政分权与生态环境多主体协同治理水平之间的关系、负向调节环境分权与生态环境多主体协同治理水平之间的关系、无法调节财政-环境分权交互作用与生态环境多主体协同治理水平之间的关系。此外，晋升激励可强化地方政府环境信息公开在环境分权与生态环境多主体协同治理水平之间的遮掩效应。非正式制度视角下的环境关注度在研究期内负向调节财政分权、环境分权、财政-环境分权与生态环境多主体协同治理水平之间的关系，且可强化地方政府环境信息公开在环境分权与生态环境多主体协同治理水平之间的遮掩效应。本章对上述检验结果进行了解释，肯定了制定相容晋升激励体系和提升治理主体环境关注度的重要性，为从相关视角提升生态环境多主体协同治理水平提供了支持。

第7章

7 结果讨论与政策建议

7.1 本书研究结果讨论

7.1.1 本书研究结果总结

本节对研究结果进行了总结。第一，财政-环境分权直接影响研究的结果表明：在研究期内，财政分权、环境分权、财政-环境分权交互作用对生态环境多主体协同治理水平均具有显著的负面影响效应。第二，地方政府环境信息公开中介影响研究的结果表明：在研究期内，地方政府环境信息公开在环境分权影响生态环境多主体协同治理水平中发挥遮掩效应，但地方政府环境信息公开无法在财政分权、财政-环境分权交互作用与该协同治理水平之间发挥中介影响。第三，晋升激励与环境关注度调节影响研究的结果表明：首先，在研究期内，晋升激励正向调节财政分权与生态环境多主体协同治理水平之间的关系、负向调节环境分权与该协同治理水平之间的关系、无法调节财政-环境分权交互作用与该协同治理水平之间的关系，且晋升激励能强化地方政府环境信息公开在环境分权与该协同治理水平之间的遮掩效应；其次，在研究期内，环境关注度负向调节财政分权、环境分权、财政-环境分权交互作用与生态环境多主体协同治理水平之间的关系，且环境关注度能强化地方政府环境信息公开在环境分权与该协同治理水平之间的遮掩效应。

图 7-1 清晰地展示了上述被证明显著的研究结果，以呈现财政-环境分权影响生态环境多主体协同治理水平的路径关系。本章的其他小节将会对本书的研究结论进行讨论，进一步突出本书的理论贡献。

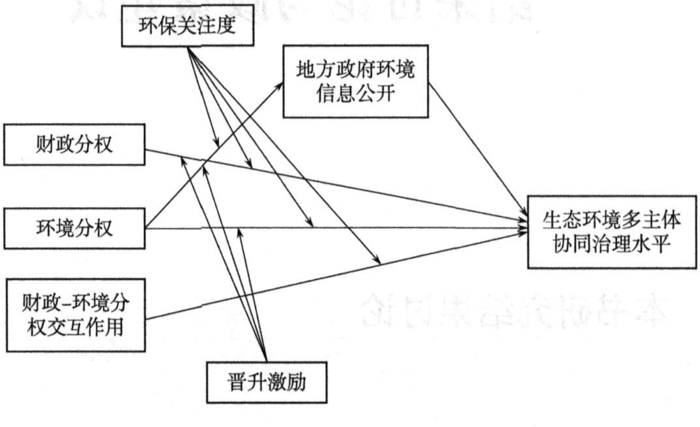

图 7-1 本书已证明显著的研究结果总结

7.1.2 财政-环境分权直接影响的结果讨论

本书结合分权理论，发展了财政-环境分权对生态环境多主体协同治理水平直接影响的研究假设，并进行了实证检验。研究结果表明：在研究期内，财政分权、环境分权、财政-环境分权交互作用对生态环境多主体协同治理水平均具有显著的负面影响。第 4.2 节对上述研究结果进行了详细的解释。本书认为主要原因在于当前中国的财政-环境分权程度仍然较高[23]，财政-环境分权体制的弊端在此背景下较为显著，容易使地方政府为谋取局部利益，与中央政府博弈、解决公众环境诉求主动性不强[38]，且存在较大的权力与中央政府在生态环境治理领域进行博弈[128]，进而对生态环境多主体协同治理水平产生不利影响。这与当前中央政府已认识到相关问题，正不断上收地方政府的财政收支权力[226]和环境事务管理权力[23]的现状相契合。关于财政分权对生态环境多主体协同治理水平具有负面影响的研究结论，除上述原因外，本书认为另一原因可能是中央政府为上收地方财权而进行的分税制改革，在一定程度上造成了地方政府财政权责不相匹配的问题[18]，易诱发地方政府为争夺税收来源而消极进行生态环境治理[20]，进而忽视公众的环境诉求且选择性地落实中央政府的环境保护政策，以致对生态环境多主体协同治理水平产生不利影响。上述研究结果讨论说明了有必要进一步优化财政-环境分权体制，以最大限度地减少当前财政-环境分权体制所带来的弊端。结合上述研究结果讨论，本书认为文中财政-环境分权直接影响研究的理论贡献可从以下两个方面进行分析。

第一，揭示了财政-环境分权对生态环境多主体协同治理水平的直接影响效应，形成了以财政-环境分权体制为切入点来提升生态环境多主体协同治理水平的理论依据。虽然前人已针对财政-环境分权对生态环境相关问题的影响开展了一些研究，如分析财政-环境分权对生态环境质量的影响[148]、探讨财政-环境分权对公众环境参与的影响等[44]，但缺少讨论财政-环境分权对生态环境多主体协同治理水平影响的研究。这不利于以财政-环境分权体制为切入口，为促进生态环境多主体协同治理水平的提升提供参考，难以为推动生态环境治理体系的现代化建设提供支持。本研究弥补了当前相关研究的不足，论证了应如何优化财政-环境分权体制，以促进生态环境多主体协同治理水平的提升，形成了以财政-环境分权体制为切入点来助力生态环境治理体系现代化建设的新视角。

第二，解析了财政分权与环境分权的联系和区别，分别讨论了财政分权、环境分权，财政-环境分权交互作用对生态环境多主体协同治理水平的影响效应，突破了过去研究多关注单一类型分权体制的局限性，有助于更全面地探讨财政-环境分权对生态环境多主体协同治理水平的影响效应。虽然已有学者在研究中也考虑过财政-环境分权交互作用，如邹璇等[223]、冉启英等[132]，但这些学者关注的研究对象是其他生态环境问题，而非生态环境多主体协同治理水平。本书将其他领域的研究经验整合至生态环境多主体协同治理领域，回答了财政-环境分权交互作用对生态环境多主体协同治理水平是否能够产生影响，以及产生什么样的影响等问题，有助于丰富该领域的理论研究。

7.1.3 地方政府环境信息公开中介影响的结果讨论

本书从制度理论的角度解读了地方政府为满足环境保护的合法性要求并尽可能地为自身谋利而采取的适应性行为，据此发展了地方政府环境信息公开在财政-环境分权与生态环境多主体协同治理水平之间中介影响的研究假设，并进行了实证检验。研究结果表明：在研究期内，地方政府环境信息公开在环境分权影响生态环境多主体协同治理水平中发挥遮掩效应，但地方政府环境信息公开无法中介财政分权、财政-环境分权交互作用与生态环境多主体协同治理水平之间的关系。

第5.2节对上述研究结果均进行了详细的解释。具体来说，关于地方政府环境信息公开在环境分权与生态环境多主体协同治理水平之间发挥遮掩效应的研究结果，本书认为地方政府依赖于环境分权体制下的相关环境事务管理权力所开展的环境信息公开服务，会增加地方政府生态环境治理工作的透明度[197]，增强其他主体对地方政府生态环境治理行为的监管[57]，进而可缓解环境分权在影响生态环境多主体协同治理水平过程中的负面效应（如减缓地方政府利用手中的环境事务管理权力与中央政府博弈、忽视公众环境诉求等不当行为）。该结论与当前中央政府正不断完善地方政府环境信息公开的立法工作，以强化其他治理主体对地方政府生态环境治理行为的监管[57]，缓解环境分权体制弊端的事实相符。上述分析说明了地方政府环境信息公开在生态环境多主体协同治理领域的积极作用，需进一步推动地方政府环境信息公开工作的开展。下文将通过与既有相关研究结果进行充分对照，进一步突出本研究的理论贡献。对于地方政府环境信息公开无法中介财政分权与生态环境多主体协同治理水平之间关系的研究结果，本书推测出现上述研究结果的原因可能是地方政府环境信息公开平台经发展十余年，已在全国普及，各地均已投资建设了较为完备的环境信息公开平台，故当前地方政府公开环境信息的行为对财政收支权力的依赖较少，因此未造成地方政府在财政分权下通过环境信息公开而引发的相应结果，进而未对生态环境多主体协同治理水平产生影响。对于财政-环境分权交互作用的研究结果，本书认为因地方政府开展环境信息公开工作对财政分权的依赖性不大，故对财政-环境分权交互作用（即财政-环境分权的关联性）的依赖性相应较小，因此未造成地方政府在财政-环境分权下通过环境信息公开而引发的相应结果，进而未能对生态环境多主体协同治理水平产生影响。因本书的研究结果未验证地方政府环境信息公开在财政分权、财政-环境分权交互作用与生态环境多主体协同治理水平之间的中介影响，故未来的研究需对财政分权、财政-环境分权交互作用影响生态环境多主体协同治理水平的作用机制做进一步的探讨。结合上述研究结果讨论，本书认为文中地方政府环境信息公开中介影响研究的理论贡献可从以下两个方面进行分析。

第一，从制度理论的角度解读了地方政府在环境分权体制下所表现出的生态环境治理行为，并据此识别了环境分权影响生态环境多主体协同治理水平的中介路径和中介因素，验证了地方政府环境信息公开在环境分权与生态环境多主体协同治理水平之间的中介影响效应，为研究环境分权影响生态环境多主体协同治理水平的作用机制提供了新思路。已有学者基于分权化威权主义[26]、晋升锦标赛[28] 等理论，论述了地方政府在环境分权体制下的生态环境治理行为。区别于既有研究以国家的政治市场想象[70] 为基础，本书基于制度理论，以地方政府的合法性逻辑与牟利性倾向的对立统一为切入点，进一步解读了地方政府在环境分权体制下会如何进行生态环境治理，丰富了对地方政府在环境分权体制下生态环境治理行为的理论解释，并拓展了制度理论的应用边界。尽管近年来已有学者基于制度理论讨论了地方政府在环境分权体制下的生态环境治理行为，如李胜[4]、马允[103] 等，但相关研究并未从此角度进一步解析环境分权影响生态环境多主体协同治理水平的作用机制。本书对此进行补充，从地方政府为满足环境保护的合法性要求并尽可能地为自身谋利而采取的适应性行为出发，发展了地方政府环境信息公开在环境分权与生态环境多主体协同治理水平之间的中介影响假设，并验证了地方政府环境信息公开在上述两者之间的中介影响效应，为环境分权与生态环境多主体协同治理水平之间关系的中介影响研究提供了新的理论视角。

第二，发现了地方政府环境信息公开在环境分权影响生态环境多主体协同治理水平中的遮掩效应。如第1.3.1节所述，通过讨论地方政府在环境分权体制下的生态环境治理行为，来解析环境分权对生态环境相关问题的影响是既有相关研究的主要思路。本书从地方政府为满足当下强调环境保护的合法性要求并尽可能地为自身谋利而在环境分权体制下所采取的适应性行为出发，发现了地方政府环境信息公开在环境分权影响生态环境多主体协同治理水平中的遮掩效应。这与一些研究所认为的地方政府会利用手中的环境事务管理权力进行“漂绿”[111]，以虚假地向其他主体传达其在积极履行环境保护职责的合法性信号，使其他主体因无法获取真实的环境信息而难以切实参与生态环境治理[142]，进而阻碍生态环境多主体协同治理水平提升的结论相异。上文对地方政府环境信息公开在环境分权影响生态环境多主体协同治理水平中发挥遮掩效应结论的解释，为理解地方政府环境信息公开在环境分权影响生态环境多主体协同治理水平中的中介影响提供了新的洞见，有助于丰富对环境分权与生态环境多主体协同治理水平之间关系的认知。

7.1.4 晋升激励与环境关注度调节影响的结果讨论

基于制度理论，本书从正式制度和非正式制度两个方面，发展了晋升激励和环境关注度对财政-环境分权与生态环境多主体协同治理水平之间关系调节影响的研究假设，以及地方政府环境信息公开有调节的中介作用假设，并进行了实证检验。从正式制度的角度来看，本研究发现，晋升激励在研究期内正向调节财政分权与生态环境多主体协同治理水平之间的关系、负向调节环境分权与生态环境多主体协同治理水平之间的关系、无法调节财政-环境分权交互作用与生态环境多主体协同治理水平之间关系，且晋升激励能强化地方政府环境信息公开在环境分权影响生态环境多主体协同治理水平中的遮掩效应。从非正式制度的角度来看，本研究发现，环境关注度在研究期内负向调节财政分权、环境分权、财政-环境分权交互作用与生态环境多主体协同治理水平之间的关系，且环境关注度能强化地方政府环境信息公开在环境分权影响生态环境多主体协同治理水平中的遮掩效应。

第6.2节和第6.3节分别对上述研究结果进行了详细的解释。因上述研究结果大多验证了前文的研究假设，故本书重点分析了晋升激励对财政分权与生态环境多主体协同治理水平之间的关系存在正向调节影响这一相悖的结论。本书认为出现上述结论的主要原因在于，虽然环境绩效在地方官员晋升激励中的重要性不断提升，但经济社会发展绩效仍对地方官员的晋升具有较大影响[57]。包含经济、社会、环境多维度的晋升激励体系，为地方政府从中选择更显性且快捷的经济社会发展绩效作为工作重心提供了偏好支持。尤其是分税制的实施，在一定程度上造成了地方政府财政权责的不匹配性[18]，导致其加大了对税收来源的争夺，以期为更好地完成绩效目标提供基础保障，从而增加晋升优势[20]。在此背景下，地方政府将更有可能利用财政收支权力来扭曲环境保护用度，并与污染企业勾结来争取经济发展资源，故可能漠视公众环境诉求，且选择性地落实中央政府颁发的环境保护政策，进而对生态环境多主体协同治理水平产生不利影响。此外，当前晋升激励中环境绩效考核指标存在对环境质量的要求不足、考核指标模糊等问题[251]，导致相关环境保护考核对一些地方政府的生态环境行为仍约束不足，进一步强化了上述负面影响。下文将通过与既有研究结果进行对比，进一步突出本研究的理论贡献。对于晋升激励与环境关注度无法调节地方政府环境信息公开在财政分权、财政-环境分权交互作用与生态环境多主体协同治理水平之间关系的研究结论，本书认为原因在于，有调节的中介作用指中介变量发挥作用的过程会受到调节变量的影响，即调节作用需建立在中介作用本身存在的基础上[242-243]。然而，地方政府环境信息公开在研究期内无法中介财政分权、财政-环境分权交互作用与生态环境多主体协同治理水平之间的关系，导致晋升激励与环境关注度无法在中介影响不显著的情况下对相关路径进行调节。晋升激励与环境关注度调节影响的研究结果说明，制定相容的晋升激励体系及提升治理主体的环境关注度对促进生态环境多主体协同治理水平的提升具有重要作用。本书关于晋升激励与环境关注度调节影响研究的理论贡献如下。

第一，基于制度理论，从正式制度和非正式制度两个方面进行综合考虑，为财政-环境分权与生态环境多主体协同治理水平之间关系的调节影响研究提供了新的洞见。一方面，虽然学者们已分别对晋升激励与环境关注度的正式制度特征[256]和非正式制度特征[74,152]进行了理论解释，也肯定了二者对财政-环境分权体制下的地方政府生态环境治理行为存在较大的影响[4,33]，但并未据此延伸，从地方政府生态环境治理行为的角度进一步探讨晋升激励和环境关注度对财政-环境分权与生态环境多主体协同治理水平之间关系的调节影响。本书从正式制度和非正式制度两个方面系统探究了晋升激励和环境保护关注对财政-环境分权与生态环境多主体协同治理水平之间关系的调节影响，为相关研究提供了新的洞见，有助于弥补既有研究的不足，并深化制度理论在生态环境多主体协同治理领域的应用。另一方面，本书所考虑的晋升激励与环境关注度更全面、更贴近当前的实际情况，有助于提升情景模拟的真实性和对相应结果测度的准确性，进而为设计出更契合当下生态环境多主体协同治理实践的政策建议提供了支持。具体来说，本书对晋升激励的测度包含了经济、社会、环境多个维度，更贴近当前地方官员晋升激励体系的现状，使晋升激励对财政-环境分权与生态环境多主体协同治理水平之间关系的调节影响结果，能更好地为当前生态环境多主体协同治理实践提供支持。此外，区别于既有研究多基于单一主体的环境关注度所开展的实证分析[257-258]，本书中的环境关注度综合考虑了地方政府环境关注度、企业环境关注度和公众关注度，可使环境关注度对财政-环境分权与生态环境多主体协同治理水平之间关系的调节影响结果更准确，有助于为更有效地提升生态环境多主体协同治理水平提供参考。

第二，揭示了财政-环境分权影响生态环境多主体协同治理水平的边界条件，明确了晋升激励和环境关注度对财政-环境分权与生态环境多主体协同治理水平之间关系的调节影响效应。本研究发现晋升激励正向调节财政分权与生态环境多主体协同治理水平之间的关系，这与一些研究所指出的：包含环境绩效的晋升激励能有效推动地方政府在财政分权体制下积极开展生态环境治理工作[213-214]，进而有助于促进生态环境多主体协同治理实践发展的结论是相异的。尽管任炳强[259]、有学者[260]所得到的多维晋升激励体系存在使部分地方政府懈怠执行生态环境政策的结论在一定程度上支持了本书的观点，但本书在上述研究的基础上进一步发现，当前多维度的晋升激励体系更可能使地方政府利用手中的财政收支权力消极开展生态环境治理工作，进而对生态环境多主体协同治理水平产生不利影响。本书的这一发现为理解晋升激励对财政分权与生态环境多主体协同治理水平之间关系的调节影响提供了新的思考，从制度理论的角度拓展了财政分权影响生态环境多主体协同治理水平的边界条件研究。

7.2　提升生态环境多主体协同治理水平的政策建议

7.2.1　优化财政-环境分权体制

根据财政-环境分权对生态环境多主体协同治理水平直接影响的研究结果，本书认为应优化财政-环境分权体制，以助力于生态环境多主体协同治理水平的提升。以下分别针对财政分权、环境分权、财政-环境分权交互作用的优化，提出了具体的政策建议。

第一，加强对地方政府在生态环境治理领域的财政收支监管。研究结果表明，在研究期内，财政分权对生态环境多主体协同治理水平具有负面影响。对此，本书认为，中央政府需加强对地方政府在生态环境治理领域的财政收支监管，以减少当前财政分权体制为生态环境多主体协同治理水平所带来的不利影响。具体来说，中央政府可以下设地方生态环境治理财政收支专业委员会作为促进生态环境多主体协同治理模式发展的中央驻地方组织，用以加强中央政府对地方政府在生态环境治理过程中财政收支的监管效度。一方面，该组织可通过中央驻地方工作人员的实时监管（如定期走访调查与收集环境保护收支数据等）和审计威慑（如月度环境保护收支审计和评估等），在一定程度上减缓地方政府为发展经济而虚报、瞒报在生态环境治理领域的财政收支情况的问题。另一方面，该组织还需肩负完善生态环境治理相关财政事务管理权责分配的职能，如走访了解当地政府在生态环境治理领域财政收支的切实困难、评估考核当地政府在生态环境治理领域的收支是否合理、调查研究当地政府的哪些财政收支权力可进一步优化等。作为中央驻地方的实体组织，地方生态环境治理财政收支专业委员会能切实了解地方政府在分税制下财政权责不相匹配的问题[18]，并能快速与地方政府商讨解决方式，有助于缓解地方政府为争夺经济发展资源而扭曲环境保护用度的问题。上述建议有助于通过优化财政分权体制，为促进生态环境多主体协同治理水平的提升提供参考。

第二，推动环境管理体制改革。研究结果表明，在研究期内，环境分权对生态环境多主体协同治理水平具有负面影响。因此，本书认为应进一步推进环境管理体制改革。具体可从以下两个方面入手：首先，可以通过进一步强化对生态环境治理事务的垂直管理（如加大中央生态环境保护督察组的巡视频次、制定更完善的环境保护法律法规、进一步规范重点污染源监控等规定）尽可能地减缓当前的环境分权体制为生态环境多主体协同治理水平所带来的负面影响，进而为提升生态环境多主体协同治理水平提供支持。其次，中央政府还应加大对地方政府生态环境治理工作的总体指导，如颁发明确的季度、年度地方政府生态环境治理的行动纲要、清晰界定和解释阐明地方政府的生态环境治理职能、确定环境保护法律法规的执法规范等，以避免生态环境治理过程中所可能出现的定位不清、责权不明等问题，进而为更有效地提升生态环境多主体协同治理水平进行铺垫；

第三，建立环境管理体制改革的财政配套激励和约束机制。研究结果表明，在研究期内，财政-环境分权交互作用对生态环境多主体协同治理水平存在负面影响，故本书提出了建立环境管理体制改革的财政配套激励和约束机制的政策建议，以降低当前财政-环境分权交互作用为生态环境多主体协同治理水平所带来的不利影响。具体来说，在激励机制上，可从国家层面完善生态补偿制度等（如创新生态补偿的支付形式，制定生态补偿管理规划等），来缓解生态环境治理的外部性特征所带来的问题，从而激励地方政府提高在环境保护方面的财政分配权重，使其更积极地利用相关权力为其他主体提供环境公共服务，并更好地落实中央政府的环境保护政策，为促进生态环境多主体协同治理水平的提升提供支持。在约束机制上，中央政府需加强对地方政府在环境保护方面相关财政支出的绩效管理（如制定长短期的绩效考核目标、科学设计地方政府生态投入与产出的绩效考核指标等），并建立相应的追责机制，以矫正生态环境的负外部性特征所带来的问题，约束地方政府在财政-环境分权体制下而作出有悖于生态环境治理要求的行为。上述两个方面将有助于减少财政-环境分权交互作用对生态环境多主体协同治理实践产生的弊端，为提升生态环境多主体协同治理水平提供支持。

7.2.2 强化地方政府环境信息公开工作

研究结果表明，在研究期内，地方政府环境信息公开在环境分权影响生态环境多主体协同治理水平中发挥遮掩效应，即地方政府环境信息公开可削弱环境分权在影响生态环境多主体协同治理水平过程中的负面效应。鉴于地方政府环境信息公开的积极作用，本书提出了强化地方政府环境信息公开工作的政策建议，以期为更好地提升生态环境多主体协同治理水平提供参考。具体可从以下三个方面入手。

第一，将地方政府环境信息公开纳入中央生态环境保护督察组的工作范围。从过去的经验中可知，中央生态环境保护督察可拨云见日地发现地方政府在生态环境治理过程中存在的隐性问题，并快速解决相关问题。考虑到地方政府环境信息公开的重要作用，本书认为有必要将地方政府环境信息公开纳入中央生态环境保护督察组的工作范围，使地方政府迫于监管压力而强化环境信息公开工作的开展，积极且实时地为其他主体提供环境信息公开服务，并减少地方政府可能利用环境信息公开进行“漂绿”，以粉饰其背离生态环境治理要求的不当行为，使其他主体能更好地获得环境信息，促进多主体更广泛地参与生态环境治理，进而为推动生态环境多主体协同治理水平的提升提供支持。

第二，完善地方政府环境信息公开的规范性要求。为了充分发挥地方政府环境信息公开的积极作用，应制定明确的地方政府环境信息公开的规范性要求，来保证相关环境信息公开的质量和数量及透明性和共享性。虽然，地方政府环境信息公开工作经十余年的多次完善正不断走向规范化。然而，有研究指出，当前地方政府的环境信息公开仍存在公开质量参差不齐、公开时滞问题严重、公开种类有待拓展等问题[142]。为此，本书建议，中央政府应通过立法的形式，清晰地规定地方政府环境信息公开的方式、时效、渠道，并拓展地方政府环境信息公开的种类、增加对其所公开的环境信息的解释，从而使各地政府的环境信息公开更加规范，使多主体能更便利和有效地获取、理解环境信息，以更广泛地参与生态环境治理，进而为推动生态环境多主体协同治理水平的提升提供支持。

第三，借助科技赋能，提升地方政府环境信息公开的效率，并强化双向互动机制。本书认为，可以利用科技赋能，简化地方政府环境信息公开平台的设置，基于定位精准发布相关信息至辖区内主体，由此不断提高地方政府环境信息公开的效率，以期使其他主体更快捷地获取必要的生态环境信息，更充分地参与生态环境治理实践，进而为提升生态环境多主体协同治理水平提供支持。此外，本书认为，可以在互联网技术的加持下将地方政府环境信息公开平台与社交媒体更广泛地结合，强化双向互动机制，使其他主体不仅可以从地方政府处获得环境信息，还可以更好地为地方政府提供环境保护建议，以及发生在周围的一线环境污染信息。如此，可以更加充分地发挥地方政府环境信息公开的积极作用，为提升生态环境多主体协同治理水平提供助力。

7.2.3 制定相容的晋升激励体系

针对晋升激励对财政-环境分权与生态环境多主体协同治理水平之间关系调节影响的研究结果，本书认为应制定相容的晋升激励体系，以助力于生态环境多主体协同治理水平的提升。具体可从以下两个方面入手。

第一，进一步增加环境绩效在地方官员晋升激励体系中的重要性。研究结果表明，在研究期内，晋升激励对环境分权与生态环境多主体协同治理水平之间的关系具有负向调节影响（即晋升激励可削弱环境分权对该协同治理水平的不利影响），并能强化地方政府环境信息公开在环境分权影响生态环境多主体协同治理水平中的遮掩效应。根据前文的解释，上述结果主要是因为环境绩效融入了地方官员的晋升激励体系，使地方政府出于积极进行生态环境治理时的晋升收益和消极进行生态环境治理时的晋升风险等综合考虑，会更积极地利用环境事务管理权力开展生态环境治理工作，进而对生态环境多主体协同治理水平产生积极影响。当地方政府积极开展生态环境治理工作时，其会通过强化环境信息公开工作，来向其他主体展示其所取得的生态环境治理成果，以提升晋升优势。此时，其他主体因能更好地获得环境信息而更广泛地参与生态环境治理，进而有助于促进生态环境多主体协同治理水平的提升。因此，本书认为应进一步增加环境绩效在地方官员晋升激励体系中的比重，并强化“环境问题一票否决”“环境问题终身追责”等规定的效力，以从正式制度的角度激励地方政府利用相关权力积极开展生态环境治理工作，进而为提升生态环境多主体协同治理水平提供支持。生态环境治理具有滞后性、投资大、周期长、显性不足等特征[261]。在此背景下，地方政府的合法性逻辑与牟利性倾向，决定了需要通过增加环境绩效在地方官员晋升激励体系中的重要性等强制性激励和约束机制，来引导地方政府在生态环境治理领域的施政行为，促进其利用相关权力积极开展生态环境治理工作，从而为提升生态环境多主体协同治理水平提供支持。

第二，优化晋升激励体系中的指标设置。研究结果表明，在研究期内，晋升激励对财政分权与生态环境多主体协同治理水平之间关系具有显著的正向调节影响（即晋升激励会强化财政分权对该协同治理水平的不利影响）。根据前文对上述研究结果的解释，这主要是因为包含经济、社会、环境等多个维度的晋升激励体系为地方政府从中选择快速发展当地经济作为工作中心而消极进行生态环境治理提供了偏好支持，使其可能利用财政收支权力来扭曲环境保护用度，与公共环境要求相悖，进而对生态环境多主体协同治理水平将产生不利影响。中国正处于经济高质量发展时期，习近平总书记曾指出“经济发展不应是对生态环境资源的竭泽而渔，生态环境保护也不应是舍弃经济发展的缘木求鱼”[262]，故本书认为可以通过优化晋升激励体系中的指标设置来解决上述问题。例如，可用“绿色 GDP”替代“GDP 增长”作为地方经济发展效益的考核指标。“绿色 GDP”是指扣除自然资源消耗和环境污染损失后的“GDP 价值”[204]。这将有助于促进地方政府重视在经济发展过程中的环境保护问题，进而为提升生态环境多主体协同治理水平提供支持。此外，本书认为环境绩效的指标也需得到优化。例如，可以用质量型指标替换总量型指标等，杜绝因环境绩效指标设置不合理而出现对一些地方政府的生态环境治理行为约束不足的情况，进而更好地为提升生态环境多主体协同治理水平提供支持。

7.2.4 提升治理主体的环境关注度

研究结果表明，在研究期内，环境关注度负向调节财政-环境分权与生态环境多主体协同治理水平之间的关系（即环境关注度可削弱财政-环境分权对该协同治理水平的不利影响），且能强化地方政府环境信息公开在环境分权影响生态环境多主体协同治理水平中的遮掩效应。据前文分析可知，环境关注度的提升，可从自我约束、社会期待性压力等方面促进地方政府利用财政收支和环境事务管理权力积极进行生态环境治理，进而对生态环境多主体协同治理水平产生积极影响。考虑到环境关注度的重要作用，本书认为需针对不同主体的特点来提升治理主体的环境关注度，以助力于生态环境多主体协同治理水平的提升。具体建议如下。

第一，通过政府环境德治建设来提升地方政府的环境关注度。具体而言，可通过增加对《习近平生态文明思想学习纲要》的学习频率、开展环境保护意识培训和生态道德知识讲解等方式，加强地方政府的环境德治建设，培育地方官员善待生态环境的道德情感。环境德治是提升地方政府环境关注度的重要方式之一，有助于使地方政府在自我约束下积极履行生态环境治理职责，进而为提升生态环境多主体协同治理水平提供支持。上文所述的晋升激励是以“他律的必须”来对地方政府的生态环境治理行为进行约束，而环境德治则是以“自律的应当”来规范地方政府的生态环境治理行为，是从非正式制度的视角对正式制度（晋升激励）的重要补充。此外，中央政府还可通过宣传环境德治实践中具有典型性的地方政府，充分发挥他们的模范带头作用，以使其他地方政府见贤思齐，促使地方政府提升环境关注度，更积极地履行环境保护职责，进而为提升生态环境多主体协同治理水平提供支持。

第二，通过推动产业绿色化转型来提升企业的环境关注度。一方面，国家应不断推动产业绿色化转型，使企业意识到高污染、高排放的生产经营老路已不可持续，应当不断提升环境关注度，以绿色化生产经营为己任；另一方面，需从国家层面出台相关指导意见，通过增加对绿色产业的补贴力度、普及绿色金融工具的应用、嘉奖和宣传模范绿色环境保护企业等方式，来提升企业的环境关注度。上述两个方面不仅可从企业层面瓦解“政商合谋”置区域环境效益于不顾的基础，还可反过来对地方政府的生态环境治理行为起到期待性压力的约束作用，进而为提升生态环境多主体协同治理水平的提升提供支持。

第三，通过推广绿色节约的生活和消费方式来提升公众的环境关注度。通过推广绿色节约的生活和消费方式能在潜移默化中提升公众的环境关注度，对地方政府的生态环境治理行为起到期待性压力的约束作用，进而为提升生态环境多主体协同治理水平提供支持。具体来说，可在全国范围内张贴绿色消费标语，普及绿色产品的优势，加强对绿色节约的生活和消费方式的宣传与政策激励。此外，可出台更完善的生活垃圾分类等法律规定，以引导公众形成绿色节约的生活方式。上述途径均可有效推广绿色节约的生活和消费方式，进而提升公众的环境关注度。

7.3　本章小结

本章首先总结了本书的研究结果。然后，对研究结果进行了讨论，并突出了本研究的理论贡献。最后，本章针对财政-环境分权的直接影响结果、地方政府环境信息公开的中介影响结果、晋升激励与环境关注度的调节影响结果，分别提出了相应的政策建议，以期为推动生态环境多主体协同治理水平的提升提供支持。

第8章

8

结　论

从财政-环境分权对生态环境多主体协同治理水平的直接影响、财政-环境分权影响生态环境多主体协同治理水平的作用机制、财政-环境分权影响生态环境多主体协同治理水平的边界条件3个方面深入探究财政-环境分权对生态环境多主体协同治理水平的影响是本书的研究重点，以期以财政-环境分权体制为切入点，为提升生态环境多主体协同治理水平提供支持。为此，本书结合分权理论和制度理论，以财政-环境分权的直接影响、地方政府环境信息公开的中介影响、晋升激励与环境关注度的调节影响为主线展开研究。本书的主要研究结论如下。

第一，研究了财政-环境分权对生态环境多主体协同治理水平的直接影响。基于分权理论，逐一剖析和验证了财政分权、环境分权、财政-环境分权交互作用对生态环境多主体协同治理水平的直接影响。研究结果显示：在研究期内，财政分权、环境分权、财政-环境分权交互作用对生态环境多主体协同治理水平均具有显著的负面影响。研究结果为探讨应如何优化财政-环境分权体制，以提升生态环境多主体协同治理水平提供了参考。

第二，研究了地方政府环境信息公开的中介影响。从制度理论的角度解读了地方政府为满足当下强调环境保护的合法性要求并尽可能地为自身谋利而采取的适应性行为，并据此探讨了地方政府环境信息公开在财政-环境分权与生态环境多主体协同治理水平之间发挥的中介影响。研究结果显示：在研究期内，地方政府环境信息公开在环境分权影响生态环境多主体协同治理水平的过程中发挥遮掩效应，即地方政府环境信息公开可弱化环境分权在影响生态环境多主体协同治理水平过程中的负面效应。然而，地方政府环境信息公开在财政分权、财政-环境分权交互作用与生态环境多主体协同治理水平之间的中介影响并不显著。上述研究结果明确了环境分权影响生态环境多主体协同治理水平的作用机制。

第三，研究了晋升激励与环境关注度的调节影响。以制度理论为基础，分别从正式制度和非正式制度两个方面，探讨了晋升激励和环境关注度如何调节财政-环境分权与生态环境多主体协同治理水平之间的关系，以及如何调节地方政府环境信息公开的中介作用（即地方政府环境信息公开有调节的中介作用）。研究结果显示：首先，在研究期内，晋升激励对财政分权与生态环境多主体协同治理水平之间的关系具有正向调节影响、对环境分权与生态环境多主体协同治理水平之间的关系具有负向调节影响、对财政-环境分权交互作用与生态环境多主体协同治理水平之间关系的调节影响不显著，且晋升激励能够强化地方政府环境信息公开在环境分权影响生态环境多主体协同治理水平中的遮掩效应；其次，在研究期内，环境关注度对财政分权、环境分权、财政-环境分权交互作用与生态环境多主体协同治理水平之间的关系均存在负向调节影响，且环境关注度能够强化地方政府环境信息公开在环境分权影响生态环境多主体协同治理水平中的遮掩效应。研究结果有助于明确财政-环境分权影响生态环境多主体协同治理水平的边界条件。

针对上述研究结果，本书提出了优化财政-环境分权体制、强化地方政府环境信息公开工作、制定相容的晋升激励体系、提升治理主体的环境关注度等政策建议，旨在更好地为提升生态环境多主体协同治理水平提供参考。

本书的创新点主要在于以下三个方面。

第一，揭示了财政分权、环境分权、财政-环境分权交互作用对生态环境多主体协同治理水平的直接影响效应，突破了过去研究多关注单一类型分权体制的局限性，形成了以财政-环境分权体制为切入点来提升生态环境多主体协同治理水平的理论依据。

第二，从制度理论的视角识别了环境分权影响生态环境多主体协同治理水平的中介路径和中介因素，发现了地方政府环境信息公开在环境分权影响生态环境多主体协同治理水平中的遮掩效应，揭示了环境分权影响生态环境多主体协同治理水平的作用机制，为环境分权与生态环境多主体协同治理水平之间关系的中介影响研究提供了新的理论视角。

第三，基于制度理论，从正式制度和非正式制度两个方面进行分析，揭示了晋升激励和环境关注度对财政-环境分权与生态环境多主体协同治理水平之间关系的调节影响效应，发展了地方政府环境信息公开有调节的中介作用研究，明确了财政-环境分权影响生态环境多主体协同治理水平的边界条件，拓展了制度理论在生态环境多主体协同治理领域的应用。

然而，本书还存在以下局限性，有待未来研究进一步完善：首先，因数据可获得性的限制，可能存在多主体协同治理水平的测度指标考虑不周之处，未来可对此进一步完善；其次，本书将地方政府作为一个整体进行探讨，并未探究地方政府之间存在的竞争与合作关系是否对本研究问题及结论存在影响，未来可对该问题进行补充论述，以完善本书的研究结论；最后，未来可考虑针对不同主体之间的利益交互、协同动力、协同过程等具体特征，更深入地探讨财政-环境分权对生态环境的央-地政府协同治理水平、政-企协同治理水平的影响。

参考文献

[1] YALE CENTER FOR ENVIRONMENTAL LAW & POLICY. Environmental performance index[R]. New Haven:Yale University,2022:1-17.

[2] XIA Y,LI Y,GUAN D,et al. Assessment of the economic impacts of heat waves:a case study of Nanjing,China[J]. Journal of Cleaner Production,2021(171):811-819.

[3] 文宏.任务驱动与谋利导向:地方政府土地整治行为的双重逻辑——以S省土地整治项目的实际运作为例[J].中国行政管理,2019(7):82-88.

[4] 李胜.合法性追求、谋利性倾向与地方政府环境治理的策略性运作[J].中国人口·资源与环境,2020,30(12):137-146.

[5] TIEBOUT C M. A pure theory of local expenditures[J]. The Journal of Political Economy,1956,64(5):416-424.

[6] OATES W E. Fiscal federalism[M]. New York:Harcourt Brace Jovanovic,1972:36-49.

[7] WU H T,YU H,REN S Y. How do environmental regulation and environmental decentralization affect green total factor energy efficiency:Evidence from China[J]. Energy Economics,2020(19):104880.

[8] 田时中.中国式财政分权抑制了政府公共服务供给吗?[J]西南民族大学学报(人文社会科学版),2020(6):119-130.

[9] 陈文美,李春根.促进还是抑制:中国式财政分权对最低生活保障支出的影响研究[J].中国行政管理,2018(11):94-101.

[10] RAN Q Y,ZHANG J N,HAO Y. Does environmental decentralization exacerbate China's carbon emissions? Evidence based on dynamic threshold effect analysis[J]. Science of the Total Environment,2020(721):137656.

[11] STRWART R B. Pyramids of sacrifice? Problems of federalism in mandating state implementation of national environment policy[J]. Yale Law Journal,1997,11(4):83-92.

[12] 杨其静. 最优的分权和激励安排:一个正式模型[J]. 南开经济研究,2010(1):111-119.

[13] MONTINOLA G,QIAN Y,WEINGAST B R. Federalism,Chinese style:The political basis for economic success[J]. World Politics,1994,48(1):50-81.

[14] 钱颖一,许成钢,董彦彬. 中国的经济改革为什么与众不同——M 型的层级制和非国有部门的进入与扩张[J]. 经济社会体制比较,1993(1):29-40.

[15] QIAN Y,WEINGAST B R. Federalism as a commitment to preserving market incentives[J]. The Journal of Economic Perspectives,1997,11(4):83-92.

[16] BLANCHARD O,SHLEIFER A. Federalism with and without political centralization:China versus Russia[J]. IMF Staff Papers,2001(48):171-179.

[17] 李屹然. 中国式分权对地方政府支农行为影响研究[D]. 重庆:西南大学,2021:24-27.

[18] 丁菊红. 软预算约束、流动性创造与宏观调控的微观基础——分权式改革的视角[J]. 经济体制改革,2010(5):111-116.

[19] 周黎安. 中国地方官员的晋升锦标赛模式研究[J]. 经济研究,2007(7):36-50.

[20] 陈抗,ARYE L H,顾清扬. 财政集权与地方政府行为变化——从援助之手到攫取之手[J]. 经济学(季刊),2002(4):111-130.

[21] 洪大用. 经济增长、环境保护与生态现代化:以环境社会学为视角[J]. 中国社会科学,2012(9):82-99,207.

[22] 陈海嵩. 环境治理视阈下的"环境国家":比较法视角的分析[J]. 经济社会体制比较,2015(1):102-112.

[23] 祁毓,卢洪友,徐彦坤. 中国环境分权体制改革研究:制度变迁,数量测算与效应评估[J]. 中国工业经济,2014(1):31-43.

[24] BRETON A,SCOTT A. The economic constitution of federal states[M]. Toronto:University of Toronto press,1978:27-59.

[25] 刘建明,陈霞,吴金光. 财政分权、地方政府竞争与环境污染:基于 272 个城市数据的异质性与动态效应分析[J]. 财政研究,2015(9):36-43.

[26] 周雪光,练宏. 政府内部上下级部门间谈判的一个分析模型:以环境政策实施为例[J]. 中国社会科学,2011(5):80-96,221.

[27] 任鹏. 政策冲突中地方政府的选择策略及其效应[J]. 公共管理学报,2015,12(1):34-45.

[28] 周黎安.晋升博弈中政府官员的激励与合作:兼论我国地方保护主义和重复建设问题长期存在的原因[J].经济研究,2004(6):33-40.

[29] 朱艳娇,毛春梅.环境分权、环境保护投入与企业绿色创新:一个有调节的多重并行中介模型[J].科技进步与对策,2023,40(8):78-88.

[30] 董香书,卫园园,肖翔.财政分权如何影响绿色创新[J].中国人口·资源与环境,2022,32(8):62-74.

[31] ZHAO L L,SHAO K C,YE J J. The impact of fiscal decentralization on environmental pollution and the transmission mechanism based on promotion incentive perspective[J]. Environmental Science and Pollution Research,2022,29(57):86634-86650.

[32] XIA S L,YOU D M,TANG Z H. Analysis of the spatial effect of fiscal decentralization and environmental decentralization on carbon emissions under the pressure of officials' promotion[J]. Energies,2021,14(7):1-14.

[33] XU J L,HONG J,ZHOU Z Y. Local attention to environment and green innovation[J]. Emerging Marketing Finance and Trade,2023,59(4):1062-1073.

[34] 吴力波,杨眉敏,孙可哿.公众环境关注度对企业和政府环境治理的影响[J].中国人口·资源与环境,2022,32(2):1-14.

[35] 王盟迪,彭小兵.财政分权对城市全要素生产率的非线性影响研究—基于调节效应与动态面板门槛模型的双重检验[J].产业经济研究,2023(2):126-142.

[36] 詹绍菓,李昕.财政分权对地方政府债务规模的非线性影响—基于财政透明度的调节效应[J].东北大学学报(社会科学版),2023,25(3):28-37.

[37] 李光龙,周云蕾.环境分权、地方政府竞争与绿色发展[J].财政研究,2019(10):73-86.

[38] 李强.河长制视域下环境分权的减排效应研究[J].产业经济研究,2018(3):53-63.

[39] DIJKSTRA B R,FREDRIKSSON P G. Regulatory environmental federalism[J]. Annual Review of Resource Economics,2010,2(1):319-339.

[40] 彭星.环境分权有利于中国工业绿色转型吗?——产业结构升级视角下的动态空间效应检验[J].产业经济研究,2016(2):21-31.

[41] 祁毓,卢洪友,徐彦坤.中国环境分权体制改革研究:制度变迁,数量测算与效应评估[J].中国工业经济,2014(1):31-43.

[42] 郭永园.协同发展视域下的中国生态文明建设研究[D].长沙:湖南大学,2015:100-104.

[43] 向俊杰. 我国生态文明建设的协同治理体系研究[D]. 长春:吉林大学,2015:40-57.

[44] JUN K N,BRYER T. Facilitating public participation in local governments in hard times[J]. American Review of Public Administration,2018,47(7):840-856.

[45] GUO L,JIANG X N. Decentralization of environmental management and enterprises' environmental technology innovation:evidence from China[J]. Applied Economics,2018,54(36):4170-4186.

[46] ZANG J N,LIU L L. Fiscal decentralization,government environmental preference,and regional environmental governance efficiency:evidence from China[J]. Annals of Regional Science,2020,65(2):439-457.

[47] 肖钦. 绿色发展视阈下我国地方环境协同治理研究[D]. 南昌:江西财经大学,2019:19-40.

[48] ECKERBERG K,JOAS M. Multi-level environmental governance:a concept under stress[J]. Local Environment,2004(5):405-412.

[49] ARENTSEN M. Environmental governance in a multi-level institutional setting[J]. Energy & Environment,2008(6):779-786.

[50] 郝晓娟. 多重逻辑下中国环境治理的困境及形成机制研究[D]. 哈尔滨:哈尔滨工业大学,2018:36-47.

[51] 李鹏,张俊飚,颜廷武. 农业废弃物循环利用参与主体的合作博弈及协同治理绩效研究——基于 DEA-HR 模型的 16 省份农业废弃物基质化数据验证[J]. 管理世界,2014(1):90-104.

[52] DUAN X,DAI S,YANG R et al. Environmental coordinated governance degree of government,corporation and public[J]. Sustainability,2020(12):1138.

[53] 许蕾. 产业技术链中技术创新主体协同度研究[D]. 雅安:四川农业大学,2021:36-57.

[54] 王成,唐宁. 重庆市乡村三生空间功能耦合协调的时空特征与格局演化[J]. 地理研究,2018,37(6):1100-1114.

[55] 杨建梅. 复杂网络与社会网络研究范式的比较[J]. 系统工程理论与实践,2010,30(11):2046-2055.

[56] 李玉璇. 政治嵌入对企业环境责任的影响机理研究[D]. 哈尔滨:哈尔滨工业大学,2022:18-36.

[57] 何芳.地方环境信息公开的政府-企业-公众推动机制研究[D].哈尔滨:哈尔滨工业大学,2021:28-45.

[58] 周行,马延柏.地方政府"减污降碳"协同治理的减排效应研究——基于环境规制策略的调节效应[J].经济与管理,2023,37(03):40-47.

[59] FANG Y H,PERC M,ZHANG H. A game theoretical model for the stimulation of public cooperation in environmental coordinated governance[J]. Royal Society Open Science, 2022,9(11):221148.

[60] 冯恩惠.区域环境规制执行差异下污染密集型产业转移分析与实证[D].哈尔滨:哈尔滨工业大学,2019:45-61.

[61] WANG W,SUN Z Y,ZHU W X,et al. How does multi-agent govern corporate greenwashing? [J]. Corporate Social Responsibility and Environmental Management,2022,30(1):291-307.

[62] 李海生,陈胜,吴丰成等.协同创新—科技助力打赢蓝天保卫战[J].环境保护,2021,49(7):8-11.

[63] PLUCHINOTTA I,ESPOSITO D,CAMARDA D. Fuzzy cognitive mapping to support multi-agent decisions in development of urban policy making[J]. Sustainable Cites and Society,2019(46):101402.

[64] 李维安,秦岚.绿色治理:参与、规则与协同机制——日本垃圾分类处置的经验与启示[J].日本学刊,2021(S1):169-174.

[65] HE W. System dynamics analysis of industrial waste recycling network-taking Poyang Lake ecological economic zone as example[J]. Desalination and Esalination and Water Treatment,2018(121):147-157.

[66] 王超奕.跨区域绿色治理府际合作动力机制研究[J].山东社会科学,2020(6):124-129.

[67] CHU Z P,BIAN C,YANG J. How can public participation improve environmental governance in China? [J]. Environmental Impact Assessment Review,2022(95):106782.

[68] 冯严超.环境规制对中国城市发展质量的影响研究[D].哈尔滨:哈尔滨工业大学,2021:14-29.

[69] YANG R,WONG C W Y,WANG T,et al. Assessment on the interaction between technological innovation and eco-environmental systems in China[J]. Environmental Science and Pollution Research,2021,28(44):63127-63149.

[70] 冯仕政. 政治市场想象与中国国家治理分析——兼评周黎安的行政发包制[J]. 理论社会,2014,34(6):70-84.

[71] 王立峰,刘燕. 社会学制度主义视角下新型政党制度的构成要素分析[J]. 河南社会科学,2020,28(6):72-81.

[72] 阎波,吴建南. 问责、组织政治知觉与印象管理:目标责任考核情境下的实证研究[J]. 管理评论,2013,25(11):74-84.

[73] 赵丽,胡植尧. 环境治理是否促进了地方官员晋升?——基于中国地级市样本的实证研究[J]. 经济学报,2023,10(2):153-174.

[74] FU H P,ZENG S X,SUN D X. Top-down or bottom-up? How environmental state attention and civic participation coordinate with green innovation[J]. Technology Analysis & Strategic Management,2022(9):105821.

[75] 姜明安. 行政法论丛[M]. 北京:法律出版社,2008:18-29.

[76] 黄德春,宋佳,贺正齐,等. 澜沧江-湄公河环境利益合作网络主体治理效益评价[J]. 亚太经济,2019(4):21-29+149-150.

[77] 胡乙. 多元共治环境治理体系下公众参与权研究[D]. 长春:吉林大学,2020:53-67.

[78] MI Z F,ZENG G,XIN X R,et al. The extension of the Porter hypothesis:Can the role of environmental regulation on economic development be affected by other dimensional regulations? [J]. Journal of Cleaner Production,2018(203):933-942.

[79] 张雁林,杜建国,金帅. 企业环境污染治理中的三方博弈[J]. 生态经济,2015,31(4):29-33.

[80] 傅毅明. 大数据时代的环境信息治理变革——从信息公开到公共服务[J]. 中国环境管理,2016,8(4):48-51.

[81] FRIEDEL J K,EHRMANN O,PFEFFER M,et al. Soil microbial biomass and activity:the effect of site characteristics in humid temperate forest ecosystems[J]. Journal of Plant Nutrition and Soil Science,2006,169(2):175-184.

[82] 任继周,朱兴运. 中国河西走廊草地农业的基本格局和它的系统相悖:草原退化的机理初探[J]. 草业学报,1995,4(1):69-79.

[83] 蒋天颖. 区域创新与城市化耦合发展机制及其空间分异——以浙江省为例[J]. 经济地理,2014,34(6):25-32.

[84] 赵传松,任建兰,陈延斌,等. 中国科技创新与可持续发展耦合协调及时空分异研究[J]. 地理科学,2018(2):214-222.

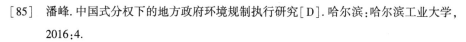

[85] 潘峰.中国式分权下的地方政府环境规制执行研究[D].哈尔滨:哈尔滨工业大学,2016:4.

[86] 黄书亭,周宗顺.中央政府与地方政府在社会保障中的职责划分[J].经济体制改革,2004(3):19-22.

[87] 秦天.环境分权、环境规制与农业面源污染[D].重庆:西南大学,2020:25-31.

[88] BAICKER K. The spillover effects of state spending[J]. Journal of Public Economics,2005,89(2):529-544.

[89] QIAN Y,WEINGAST B R. Federalism as a commitment to preserving market incentives[J]. The Journal of Economic Perspectives,1997,11(4):83-92.

[90] 严冀,陆铭.分权与区域经济发展:面向一个最优分权程度的理论[J].世界经济文汇,2003(3):55-66.

[91] GROSSMAN G M,KRUEGER A B. Environmental impacts of the North American free trade agreement[R]. NBER Wording Paper,1991:3914.

[92] ANTWEILER W,COPELAND B R,TAYLOR M. Is free trade good for the environment? [J]. American Economic Review,2001,91(40):877-908.

[93] INMAN R P,DANIEL L R. The political economy of federalism[M]. Cambridge and New York:Cambridge University Press,1997:12-53.

[94] OGAWA H,WIDASIN D E. Think locally,act locally:spillovers,spillbacks,and efficiency decentralized policy making[J]. American Economic Review, 2009, 99(4):1206-1217.

[95] 李伟强.中国式分权的绿色悖论:基于市场分割与环境逐底的双维解读[D].大连:东北财经大学,2022:16-26.

[96] OATES W E,PORTNEY P R. The political economy of environmental policy[J]. Handbook of Environmental Economics,2003(1):325-354.

[97] NORTH D C. Institutions, institutional change, and economic performance[M]. Cambridge:Cambridge University Press,1990:18-25.

[98] SCOTT W R. Institutions and organizations[M]. Thousand Oaks:Sage Publication INC,1995:23-35.

[99] SCOTT W R. Institutions and organizations:Ideas,interests,and identities [M]. 4th ed. London:INC,2013:36-47.

[100] 李超平,徐世勇.管理与组织研究常用的 60 个理论[M].北京:北京大学出版社,2019:258-266.

[101] 吴婧洁.企业政治关联与企业绩效关系实证研究[D].长春:吉林大学,2022:56-59.

[102] SUCHMAN M C. Managing legitimacy:Strategic and institutional approaches[J]. Academy of Management Review,1995,20(3):571-610.

[103] 马允.环评体制改革的央地逻辑——基于合法性与效率的二元视角公共行政评论[J].2023,16(1):29-47,197.

[104] MAURO S G,CINQUINI L,GROSSI G. External pressures and internal dynamics in the institutionalization of performance-based budgeting[J]. Public Performance & Management Review,2018,41(2):224-252.

[105] DIMAGGIO P J,POWELL W W. The iron cage revisited:Institutional isomorphism and collective rationality in organizational fields[J]. American Sociological Review,1983,48(2):147-160.

[106] 陈国权,陈洁琼.名实分离:双重约束下的地方政府行为策略[J].政治学研究,2017(4):71-83,127.

[107] PAN T T,FAN B. Institutional pressures,policy attention,and e-government service capability:Evidence from China's prefecture-level cities[J]. Public Performance & Management Review,2023,46(2):445-471.

[108] 赵孟营.论组织理性[J].社会学研究,2002(4):77-87.

[109] 张金阁.环境治理中地方政府公众参与模式差异化选择的逻辑——基于"合法性-有效性"框架[J].社会科学家,2023(4):82-88,95.

[110] 管兵,罗俊.市域治理如何承上启下:广州市城镇化政策的本地化机制[J].中国行政管理,2021(6):19-27.

[111] TANG Y H,YANG R,CHEN Y,et al. Greenwashing of local government:the human-caused risks in the process of environmental information disclosure in China. Sustainability,2020,12(16):6329.

[112] 生态环境部.关于山西省临汾市国控环境空气自动监测数据造假案有关情况的通报[EB/OL].(2018-08-28)[2023-07-26]. https://www.mee.gov.cn/xxgk2018/xxgk/xxgk06/201808/t20180830_6231.html.

[113] 陈诗一,陈登科.雾霾污染、政府治理与经济高质量发展[J].经济研究,2018(2):20-34.

[114] 生态环境部.2018中国生态环境状况公报[R/OL].(2019-05-29)[2023-08-05]. https://www.mee.gov.cn/hjzl/sthjzk/zghjzkgb/index.shtml.

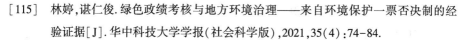

[115] 林婷,谌仁俊.绿色政绩考核与地方环境治理——来自环境保护一票否决制的经验证据[J].华中科技大学学报(社会科学版),2021,35(4):74-84.

[116] 曾润喜,朱利平.晋升激励抑制了地方官员环境注意力分配水平吗?[J].公共管理与政策评论,2021,10(2):45-61.

[117] 吴俊培,丁玮蓉,龚旻.财政分权对中国环境质量影响的实证分析[J].财政研究,2015(11):56-63.

[118] HE Q C. Fiscal decentralization and environmental pollution: Evidence from Chinese panel data[J]. China Economic Review, 2015(36):86-100.

[119] 王东,李金叶.财政分权、技术创新与环境污染[J].科技进步与对策,2021,584(20):131-135.

[120] 高艳琴,赫永达,许晓晨.财政分权、地方竞争与碳排放的关系研究[J].税务与经济,2023,247(2):129-137.

[121] 吴延兵.中国式分权下的偏向性投资[J].经济研究,2017,52(6):137-152.

[122] 黄寿峰.财政分权对中国雾霾影响的研究[J].世界经济,2017,40(2):127-152.

[123] 陈硕,高琳.央-地关系:财政分权度量及作用机制再评估[J].管理世界,2012(6):43-59.

[124] 郭然,梁艳.环境规制、财政分权与经济高质量增长[J].大连理工大学学报(社会科学版),2022,43(3):51-61.

[125] 穆艳杰,韩哲.中国共产党生态治理模式的演进与启示[J].江西社会科学,2021,41(7):116-127.

[126] HAANS R F J, PIETERS C, HE Z L. Thinking about U: theorizing and testing U-and inverted U-shaped relationships in strategy research[J]. Strategic Management Journal, 2016, 37(7):1177-1195.

[127] 陶传进,刘杰,沈慎,等.水环境保护中的NGO——理论与案例[M].北京:社会科学文献出版社,2012:275.

[128] 陈钊,徐彤.走向“为和谐而竞争”:晋升锦标赛下的中央和地方治理模式变迁[J].世界经济,2011,34(9):3-18.

[129] 人民日报.群众反映鲁山县河道非法采砂,人民日报调查:清障工程变砂石买卖[N/OL].(2018-10-09)[2023-07-30]. https://baijiahao.baidu.com/s?id=1613809431775449506&wfr=spider&for=pc.

[130] 傅勇.财政分权、政府治理与非经济性公共物品供给[J].经济研究,2010(8):4-15.

[131] 张克中,王娟,崔小勇.财政分权与环境污染:碳排放的视角[J].中国工业经济,2011(10):65-75.

[132] 李强.财政分权、环境分权与环境污染[J].现代经济探讨,2019(2):33-39.

[133] 冉启英,王健龙,杨小东.财政分权、环境分权与中国绿色发展效率——基于地级市层面的空间杜宾模型研究[J].华东经济管理,2021,35(1):54-65.

[134] BU C Q,ZHANG K X,SHI D Q,et al. Does environmental information disclosure improve energy efficiency[J]? Energy Policy,2022(164):112919.

[135] YANG R,CHEN Y W,LIU Y Q,et al. Government-business relations,environmental information transparency,and Hu-line related factors in China[J]. Environment,Development and Sustainability,2022(153):125116.

[136] ZHANG S J,WANG L. The influence of government transparency on governance efficiency in information age:the environmental governance behavior of Guangdong,China[J]. Journal of Enterprise Information Management,2020,34(1):446-459.

[137] 黄健荣.论现代政府合法性递减:成因、影响与对策[J].浙江大学学报(人文社会科学版),2011(1):19-33.

[138] 李胜,陈晓春.基于府际博弈的跨行政区流域水污染治理困境分析[J].中国人口·资源与环境,2011,21(12):104-109.

[139] FANG Z W,LI Z H,TAO S. Environmental Information Disclosure,Fiscal Decentralization,and Exports:Evidence From China[J]. Frontiers in Environmental Science,2022(10):813786.

[140] 生态环境部.重庆大足区工作打折扣——玉滩湖水质不升反降[R/OL].(2019-08-24)[2023-07-06]. http://www.mee.gov.cn/xxgk2018/xxgk/xxgk15/201908/t20190824_729939.html.

[141] 关斌.地方政府环境治理中绩效压力是把双刃剑吗?——基于公共价值冲突视角的实证分析[J].公共管理学报,2020,17(2):53-69.

[142] 王军,郁志文.环境分权如何影响城市的碳排放强度——基于城市异质性分析[J].北京理工大学学报(社会科学版),2023,25(3):41-52.

[143] IPE. Environmental information disclosure: Moving towards normalization [R/OL].(2018-12-31)[2023-06-11] http://wwwoa.ipe.org.cn//Upload/201904190423050506.pdf.

[144] 程仲鸣,虞涛,潘晶晶,等.地方官员晋升激励、政绩考核制度和企业技术创新[J].南开管理评论,2020,23(6):64-75.

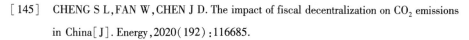

[145] CHENG S L,FAN W,CHEN J D. The impact of fiscal decentralization on CO_2 emissions in China[J]. Energy,2020(192):116685.

[146] 任胜钢,刘东华,肖晓婷. 环境保护考核、晋升激励与企业环境违规[J]. 中南大学学报(社会科学版),2022,28(5):65-77.

[147] 周升,赵凯. 草原生态补奖政策对农牧民牲畜养殖规模的影响——基于生计分化的调节效应分析[J]. 中国人口·资源与环境,2020,30(4):157-165.

[148] 徐盈之,范小敏,童皓月. 环境分权影响了区域环境治理绩效吗?[J]. 中国地质大学学报(社会科学版),2021,21(3):110-124.

[149] LIU C H,KONG D M. Does political incentive shape governments' disclosure of air pollution information? [J]. China Economic Review,2021(69):101659.

[150] 尹建华,双琦. CEO 学术经历对企业绿色创新的驱动效应——环境注意力配置与产学研合作赋能双重视角[J]. 科技进步与对策,2023,40(3):141-151.

[151] ERLICH A,BERLINER D,PALMER R B,et al. Media attention and bureaucratic responsiveness[J]. Journal of Public Administration Research and Theory,2021,31(4):687-703.

[152] 齐力,梅林海. 环境管理正式制度与非正式制度研究[J]. 生态经济,2008(12):129-131.

[153] 钟廷勇,黄亦博,孙芳城. 重点污染源监控的节能减排效应研究——兼析优化环境分权治理的信息沟通路径[J]. 西部论坛,2022,32(3):81-97.

[154] 任一林,谢磊. 强化公民环境意识,把建设魅力中国化为人民自觉行动[EB/OL]. (2018-03-06)[2021-04-21]. http://theory.people.com.cn/n1/2018/0306/c417224-29850375.html.

[155] 傅勇,张晏. 中国式分权与财政支出结构偏向:为增长而竞争的代价[J]. 管理世界,2007(3):4-12.

[156] SIGMAN H. Trans-boundary spillovers and decentralization of environmental policies [J]. Journal of Environmental Economics and Management,2005,50(1):82-101.

[157] LUTSEY N,SPERLING D. America's bottom-up climate change mitigation policy[J]. Energy Policy,2008,36(2):673-685.

[158] OH D. A global Malmquist-Luenberger productivity index[J]. Journal of Productivity Analysis,2010,34(3):183-197.

[159] TREISMAN D. Decentralization and the quality of government[R]. Working paper,Department of Political Science:UCLA,2002:16-21.

[160] 王章名. 技术进步与环境变化交互作用的空间计量分析[D]. 重庆:西南交通大学,2018:26-27.

[161] YE F Y,SHAN M Y. Collaborative air pollution control in Beijing-Tianjin-Hebei region under central government constraints[J]. Journal of Environmental Production and Ecology,2021,22(3):946-955.

[162] 陈燕,张瑾. 合格评估和水平评估服务于高校学位点建设协同治理研究[J]. 学位与研究生教育,2021(3):46-52.

[163] 冷苏娅,蒋世杰,潘杰,等. 京津冀协同发展背景下的区域综合环境风险评估研究[J]. 北京师范大学学报(自然科学版),2017,53(1):60-69.

[164] REAP J,ROMAN F,DUNCAN S,et al. A survey of unresolved problems in life cycle assessment[J]. The International Journal of Life Cycle Assessment,2008(13):374-388.

[165] ZHANG X,WANG G S,WANG Y W. Spatial-temporal differences of provincial eco-efficiency in China based on matrix-type network DEA[J]. Economic Geography,2014(12):153-160.

[166] BANSAL P,MEHRA A,KUMAR S. Dynamic metafrontier malmquist-luenberger productivity index in network DEA:An application to banking data[J]. Computational Economics,2021,59(1):297-324.

[167] DYCKHOFF H,ALLEN K. Measuring ecological efficiency with data envelopment analysis[J]. European Journal of Operational Research,2001(2):312-325.

[168] 吴建祖,王蓉娟. 环境保护约谈提高地方政府环境治理效率了吗? 基于双重差分方法的实证分析[J]. 公共管理学报,2019,6(1):54-65.

[169] SHAO L,YU X,FENG C. Evaluating the eco-efficiency of China's industrial sectors:A two stage network data envelopment analysis[J]. Journal of Environmental Management,2019(247):551-560.

[170] CHARNES A,COOPER W W,RHODES E. Measuring the efficiency of decision making units[J]. European Journal of Operational Research,1978,2(6):429-444.

[171] CHEN Y,YANG R,WONG C Y W,et al. Efficiency and productivity of air pollution control in Chinese cities[J]. Sustainable Cities and Society,2022(76):103423.

[172] TANG Y H,YANG R,CHEN Y W,et al. Assessment of China's green governance performance based on integrative perspective of technology utilization and actor management[J]. International Journal of Sustainable Development & World Ecology,2022,29(8):827-839.

[173] ASSANI S,JIANG J,CAO R,et al. Most productive scale size decomposition for multi-stage systems in data envelopment analysis[J]. Computers & Industrial Engineering,2018(120):279-287.

[174] YANG G,FUKUYAMA H,CHEN K. Investigating the regional sustainable performance of the Chinese real estate industry:A slack-based DEA approach[J]. Omega,2019(84):141-159.

[175] GUAN J,CHEN K. Modeling the relative efficiency of national innovation systems[J]. Research Policy,2012,41(1):102-115.

[176] BIAN Y,HU M,WANG Y,et al. Energy efficiency analysis of the economic system in China during 1986—2012:A parallel slacks-based measure approach[J]. Renewable and Sustainable Energy Reviews,2016(55):990-998.

[177] SHI X,EMROUZNJAD A,YU W. Overall efficiency of operational process with undesirable outputs containing both series and parallel processes:A SBM network DEA model[J]. Expert Systems with Applications,2021(178):115062.

[178] WU J,ZHU Q,JI X,et al. Two-stage network processes with shared resources and resources recovered from undesirable outputs[J]. European Journal of Operational Research,2016,251(1):182-197.

[179] WU J,ZHU Q,CHU J,et al. Measuring energy and environmental efficiency of transportation systems in China based on a parallel DEA approach[J]. Transportation Research Part D:Transport and Environment,2017(48):460-472.

[180] STEFANIE A,HOSSEINI K,XIE J,et al. Sustainability assessment of inland transportation in China:A triple bottom line-based network DEA approach[J]. Transportation Research Part D:Transport and Environment,2020(80):102258.

[181] KHOVEYNI M,ESLAMI R. Two-stage network DEA with shared resources:Illustrating the drawbacks and measuring the overall efficiency[J]. Knowledge-Based Systems,2022(23):108752.

[182] DING L,LEI L,WANG L,et al. A novel cooperative game network DEA model for marine circular economy performance evaluation of China[J]. Journal of Cleaner Production,2020(253):120071.

[183] LIANG L,COOK W D,ZHU J. DEA models for two-stage processes:Game approach and efficiency decomposition[J]. Naval Research Logistics,2008,55(7):643-653.

[184] SUN J,LI G,WANG Z. Technology heterogeneity and efficiency of China's circular economic systems:A game meta-frontier DEA approach[J]. Resources,Conservation and Recycling,2019(146):337-347.

[185] KHALILI-DAMGHANI K,TAVANA M. A new two-stage Stackelberg fuzzy data envelopment analysis model[J]. Measurement,2014(53):277-296.

[186] SONG A,HUANG W,YANG X,et al. Two-stage cooperative /non-cooperative game DEA model with decision preference:A case of Chinese industrial system[J]. Big Data Research,2022(28):100303.

[187] DESPOTIS D K,KORONAKOS G,SOTIROS D. The "weak-link" approach to network DEA for two-stage processes[J]. European Journal of Operational Research,2016,254(2):481-492.

[188] KAO C,HUWANG S N. Efficiency decomposition in two-stage data envelopment analysis:An application to non-life insurance companies in Taiwan[J]. European Journal of Operational Research,2008,185(1):418-429.

[189] PODINOVSKI V V,OLESEN O B,SARRICO C S. Non-parametric production technologies with multiple component Processes[J]. Operations Research, 2018, 66(1): 282-300.

[190] PODINOVSKI V V. Variable and constant returns-to-scale production technologies with component processes[J]. Operations Research,2021,70(2):1238-1258.

[191] 颜延武,李鹏,张俊飚. 循环农业产业链主体协同发展绩效与空间异质性[J]. 经济地理,2015,35(7):120-127.

[192] 于艳丽,李烨. 多主体协同治理下茶农绿色生产绩效[J]. 长江流域资源与环境,2021,30(9):2299-2310.

[193] SUN Y F,WANG N L. Development and correlations of the industrial ecology in China's Loess Plateau:A study based on the coupling coordination model and spatial network effect[J]. Ecological Indicators,2021(132):108332.

[194] WANG J Y,WANG S J,LI S J,et al. Coupling analysis of urbanization and energy-environment efficiency[J]. Applied Energy,2019(254):113650.

[195] 逯进,周惠民. 中国省域人力资本与经济增长耦合关系的实证分析[J]. 数量经济技术经济研究,2013,30(9):3-19.

[196] LIU Y B,YAO C S,WANG G X,et al. An integrated sustainable development approach to modeling eco-environmental effects from urbanization[J]. Ecological Indicator,2011(11):1599-1608.

[197] TIAN X L, GUO Q G, HAN C, et al. Different extent of environmental information disclosure across Chinese cities[J]. Global Environmental Change, 2016(39): 244-257.

[198] 陈辉,欧阳静. 公共环境事件中的信息公开与诉求回应——杭州“中泰九峰垃圾焚烧厂事件”再解读[J]. 环境保护,2014,42(23):53-55.

[199] 谢芳,李俊青. 环境风险影响商业银行贷款定价吗? ——基于环境责任评分的经验分析[J]. 财经研究,2019,45(11):57-69+82.

[200] 刘帅,孔明. 经济增长目标、公众参与及环境质量治理[J]. 技术经济,2020,39(4):66-75.

[201] 张友国,窦若愚,白羽洁. 中国绿色低碳循环发展经济体系建设水平测度[J]. 数量经济技术经济研究,2020(8):83-102.

[202] CHENG X, LONG R, CHEN H, et al. Coupling coordination degree and spatial dynamic evolution of a regional green competitiveness system-A case study from China[J]. Ecological Indicator, 2019(104): 489-500.

[203] XIE H L, YAO G R, LIU G Y. Spatial evaluation of the ecological importance based on GIS for environmental management: a case study in Xingguo county of China[J]. Ecological Indicator, 2015(51): 3-12.

[204] YANG R, WONG C W Y, MIAO X, et al. Evaluation of the coordinated development of economic, urbanization and environmental systems: a case study of China[J]. Clean Technologies and Environmental Policy, 2021(30): 685-708.

[205] YANG R, WU S M, WONG C W Y, et al. The recent ecological efficiency development in China: Interactive systems of economy, society and environment[J]. Technological and Economic Development of Economy, 2022, 29(1): 217-252.

[206] 侯松,甄延临,曹秀婷等. 高质量发展背景下城市群治理评价体系构建及应用——以长三角城市群为例[J]. 经济地理,2022,42(2):35-44.

[207] 高珊,黄贤金. 基于绩效评价的区域生态文明指标体系构建——以江苏省为例[J]. 经济地理,2010,30(5):822-828.

[208] 余敏江. 生态治理评价指标体系研究[J]. 南京农业大学学报(社会科学版),2011,11(1):75-81.

[209] 侯燕. 中国生态治理效率及其变动[J]. 北京理工大学学报(社会科学版),2015,17(6):21-29.

[210] STAESSENS M, KERSTENS P J, BRUNEEL J. Data envelopment analysis and social Enterprises: Analyzing performance, strategic orientation and mission drift[J]. Journal of Business Ethics, 2019, 159(2): 325-341.

[211] FENG Y, WANG X, LIANG Z. How does environmental information disclosure affect economic development and haze pollution in Chinese cities? [J]. Science of The Total Environment, 2021(775): 145811.

[212] 钱先航,曹廷求,李维安. 晋升压力、官员任期与城市商业银行的贷款行为[J]. 经济研究,2011,46(12):72-85.

[213] 孙伟增,罗党论,郑思齐,等. 环境保护考核、地方官员晋升与环境治理——基于2004—2009年中国86个重点城市的经验证据[J]. 清华大学学报(哲学社会科学版),2014,29(4):49-62,171.

[214] 徐林,侯林歧,程广斌. 财政分权、晋升激励与地方政府债务风险[J]. 统计与决策,2022(12):141-145.

[215] 马文杰,胡玥. 地区碳达峰压力与企业绿色技术创新——基于碳排放增速的研究[J]. 会计与经济研究,2022,36(4):53-73.

[216] WU M, CAO X. Greening the career incentive structure for local officials in China: Does less pollution increase the chances of promotion for Chinese local leaders? [J]. Journal of Environmental Economics a and Management, 2021, 107(5): 102440.

[217] DURIAU V J, REGER R K, PFARRER M D. A content analysis of the content analysis literature in organization studies [J]. Organizational Research Methods, 2007, 10(1): 5-34.

[218] LI C, MA X, FU T, et al. Does public concerns over haze pollution matter? Evidence from Beijing-Tianjin-Hebei region, China [J]. Science of the Total Environment. 2021, 755(1): 142397.

[219] LIU Y, DONG F. How technological innovation impacts urban green economy efficiency in emerging economies: A case study of 278 Chinese cities [J]. Resources, Conservation and Recycling, 2021(169): 105534.

[220] SCHULTZ T. Investment in human capital [J]. American Economic Review, 1961, 51(1): 1-17.

[221] 白俊红,聂亮. 环境分权是否真的加剧了雾霾污染?[J]. 中国人口·资源与环境,2017,27(12):50-69.

[222] 蔡海亚,徐盈之. 贸易开放是否影响了中国产业结构升级?[J]. 数量经济技术经济研究,2017(10):3-22.

[223] 邹璇,雷璨,胡春. 环境分权与区域绿色发展[J]. 中国人口·资源与环境,2019(6):97-106.

[224] 曾贤刚. 环境规制、外商直接投资与“污染避难所”假说——基于中国 30 个省份面板数据的实证研究[J]. 经济理论与经济管理,2010(11):65-71.

[225] LIN B,ZHOU Y. Does fiscal decentralization improve energy and environmental performance? New perspective on vertical fiscal imbalance[J]. Applied Energy,2021(302):117495.

[226] 谷成. 中国财政分权的轨迹变迁及其演进特征[J]. 当代中国史研究,2009,16(6):117-127.

[227] 龚锋,雷欣. 中国式财政分权的数量测度[J]. 统计研究,2010,27(10):47-55.

[228] 王慧. 环境保护事权央-地分权的法治优化[J]. 中国政法大学学报,2021(5):24-41.

[229] CHANG A. Resource stability and federal agency performance[J]. American Review of Public Administration,2021,51(5):393-405.

[230] POPE S,PEILLEX J,OUADGHIRI I,et al. Floodlight or spotlight? Public attention and the selective disclosure of environmental information[J]. Journal of Management Studies,2023,12920.

[231] 毛捷,吕冰洋,陈佩霞. 分税的实施:度量中国县级财政分权的数据基础[J]. 经济学(季刊),2018,17(2):499-526.

[232] JIA N,HUANG K G,ZHANG C M. Public governance,corporate governance,and firm innovation:An examination of state-owned enterprises[J]. Academy of Management Journal,2019,62(1):220-247.

[233] 杜立,钱雪松. 银子银行、信贷传导与货币政策有效性——基于上市公司委托贷款微观视角的经验证据[J]. 中国工业经济,2021(8):152-170.

[234] 孙传旺,罗源,姚昕. 交通基础设施与城市空气污染——来自中国的经验证据[J]. 经济研究,2019(8):136-151.

[235] 陆远权,张德钢. 环境分权、市场分割与碳排放[J]. 中国人口·资源与环境,2016(6):107-115.

[236] YUAN Y,MACKINNON D P. Bayesian mediation analysis[J]. Psychological Methods,2009(14):301-322.

[237] LIAO X,SHI X. Public appeal,environmental regulation and green investment:Evidence from China[J]. Energy Policy,2018(119):554-562.

[238] REN S Y,HAO Y,WU H T. How does green investment affect environmental pollution? Evidence from China[J]. Environmental and Resource Economics,2022(81):25-51

[239] 温忠麟,叶宝娟. 中介效应分析:方法和模型发展[J]. 心理科学进展,2014,22(5):731-745.

[240] DONG F,HU M,GAO Y,et al. How does digital economy affect carbon emissions? Evidence from global 60 countries [J]. Science of the Total Environment, 2022(852):158401.

[241] PREACHER K J,HAYES A F. SPSS and SAS procedures for estimating indirect effects in simple mediation models[J]. Behavior Research Methods,Instruments,& Computers, 2004,36(4):717-731.

[242] GE T,QIU W,LI J,et al. The impact of environmental regulation efficiency loss on inclusive growth:Evidence from China[J]. Journal of Environmental Management,2020(268):110700.

[243] 温忠麟,刘红云,侯杰泰. 调节效应和中介效应分析[M]. 北京:教育科学出版社,2012:19-49.

[244] 王阳,温忠麟,王惠惠等. 第二类有中介的调节模型[J]. 心理科学进展,2022,30(9):2131-2145.

[245] CALVO N,FERNANDZE L S,RODRIGUEZ G M,et al. The effect of population size and technological collaboration on firms' innovation[J]. Technological Forecasting & Social Change,2022(183):121905.

[246] WU J,MA Z,LIU Z. The moderated mediating effect of international diversification, technological capability,and market orientation on emerging market firms' new product performance[J]. Journal of Business Research,2019(99):524-533.

[247] HU D X,JIAO J L,TANG Y S,et al. How global value chain participation affects green technology innovation processes:A moderated mediation model[J]. Technology in Society,2022(68):101916.

[248] 温忠麟,叶宝娟. 有调节的中介模型检验方法:竞争还是替补? [J]. 心理学报,2014,46(5):714-726.

[249] FRITZ M S,MACKINNON D P. Required sample size to detect the mediated effect[J]. Psychological Science,2007(18):233-239.

[250] 易潇,杨波. 花 4700 余万"撒药治污",是场弄虚作假的"治污秀"[EB/OL]. (2018-12-01)[2023-07-07]. http://env. people. com. cn/gb/n1/2018/1201/c1010-30436340. html.

[251] 马波. 政府环境责任考核指标体系探析[J]. 河北法学,2014,32(2):104-114.

[252] MACKINNON D P, LOCKWOOD C M, HOFFMAN J M. et al. A comparison of methods to test mediation and other intervening variable effects[J]. Psychological Methods, 2002(7): 83-104.

[253] BARON R M, KENNY D A. The moderator-mediator variable distinction in social psychological research: Conceptual, strategic, and statistical considerations[J]. Journal of Personality and Social Psychology, 1986(51): 1173-1182.

[254] LI Y, DAI J, CUI L. The impact of digital technologies on economic and environmental performance: A moderated mediation model[J]. International Journal of Production Economics, 2020(229): 107777.

[255] JIANG H, YANG J X, LIU W T. Innovation ecosystem stability and enterprise innovation performance: the mediating effect of knowledge acquisition[J]. Journal of Knowledge Management, 2022, 26(11): 378-400.

[256] GAO L H, YAN A, YIN Q R. An evolutionary game study of environmental regulation strategies for marine ecological governance in China[J]. Frontiers in Marine Science, 2022(9): 1048034.

[257] 申伟宁,柴泽阳,张韩模.异质性生态环境注意力与环境治理绩效——基于京津冀《政府工作报告》视角[J].软科学,2020,34(9):65-71.

[258] 邢丽云,俞会新.绿色动态能力对企业环境创新的影响研究——环境规制和高管环境保护认知的调节作用[J].软科学,2020,34(6):26-32.

[259] 任炳强.地方政府环境政策执行的激励机制研究:基于中央与地方关系的视角[J].中国行政管理,2018(6):129-135.

[260] MEI C Q, MARGARET M P. Killing a chicken to scare the monkeys? Deterrence failure and local defiance in China. The China Journal, 2014(72): 37-49.

[261] 黄晓军,骆建华,范培培.环境治理市场化问题研究[J].环境保护,2017,45(11):48-52.

[262] 习近平.坚持绿色发展是发展观的一场深刻革命[N/OL].(2018-02-24)[2023-08-01]. https://baijiahao.baidu.com/s? id=1593274913822470222 & wfr=spider & for=pc.

后 记

五度春秋，攻读双博，悲喜自渡，功不唐捐。

攻读博士学位期间，感谢哈尔滨工业大学经济与管理学院给予我攻读博士学位的平台，让我能在这样一个“政治思想上引领、学术科研上指导、生活健康上关心”的环境中不断成长；感谢导师一直以来给予的指导，让我逐步迈进学术的大门；感谢我的家庭在经济和情感上对我的支持，让我能毫无顾虑地做自己想做的事儿；感谢我的男朋友在我最低谷、最无助的时候一直陪伴着我，让我有勇气面对一切困难；感谢我的师姐、师兄、师弟、师妹还有同届同学在学术和生活上给予我的帮助，让我在这 5 年中从不孤独从不自匪。

另外，还需要特别感谢我的外导：Prof. Martina Linnenluecke，Prof. Christina Wong，Prof. Van-Nam Huynh，Dr. Rui Xue，对我在海外攻读双博士学位期间及短期访问交流期间的教诲和支持。

最后，特别感谢于渤教授、齐中英教授、曲世友教授、邵景波教授、赵泽斌教授、刘鲁宁教授、张莉教授、胡珑瑛教授、孙佰清教授、洪涛教授、于楠楠教授、麦强教授、吴东儒副教授、叶蔓老师、刘莹老师对博士论文从开题到答辩全过程中的指导和帮助。

感恩！